全国高等院校工业设计专业教材

U0168956

产品设计初步

刘传兵 郑祎峰 张 力 编著

中国电力出版社
CHINA ELECTRIC POWER PRESS

内 容 提 要

　　《产品设计初步》是一本立足于工业设计（产品艺术设计）专业的基础教材。书中一方面集中介绍专业学科全貌；另一方面又试图区别于设计概论、设计史等纯理论的教材，注重融合必要的课堂实训项目、专业实践任务等。书中系统讲述了从学科认知、产品概念开始，到图形、外形、结构、工艺、批量控制等一系列由浅入深的专业内容。全书共六章，包括初识设计、认知产品、图形与形体、产品形态设计基础、色彩与材质、成型技术与批量生产，同时配以适量的课堂实训或互动习题。本书的内容设置遵循学生认知的基本规律，适用于高等院校工业设计专业本科师生，以及高职院校产品艺术设计专业师生学习与参考，也适合对产品设计感兴趣的初学者自学使用。

图书在版编目（CIP）数据

产品设计初步 / 刘传兵，郑祎峰，张力编著 . 一北京：中国电力出版社，2024.3
全国高等院校工业设计专业教材
ISBN 978-7-5198-8724-7

Ⅰ . ①产… Ⅱ . ①刘… ②郑… ③张… Ⅲ . ①产品设计—高等学校—教材 Ⅳ . ① TB472

中国国家版本馆 CIP 数据核字（2024）第 036295 号

出版发行：中国电力出版社
地　　址：北京市东城区北京站西街 19 号（邮政编码 100005）
网　　址：http://www.cepp.sgcc.com.cn
责任编辑：王　倩　（010-63412607）
责任校对：黄　蓓　李　楠
装帧设计：锋尚设计
责任印制：杨晓东

印　　刷：北京盛通印刷股份有限公司
版　　次：2024 年 3 月第一版
印　　次：2024 年 3 月北京第一次印刷
开　　本：889 毫米 ×1194 毫米　16 开本
印　　张：10.75
字　　数：258 千字
定　　价：65.00 元

序一

设计是除科学和艺术之外的第三种形式的人类智慧，它不仅关乎人类面对问题的解决方式，还影响甚至决定人类未来的存续可能。

所谓"境生于象外"，设计一旦被囿于"物"本身的修正或创制，设计师必然会被既有物品的概念和形式所束缚。真正的设计应该是有关人类生存发展的本体论、认识论、方法论。而工业设计则可被看作是工业时代人类认识周遭"人为事物"的全面反思，其中包括对必须肯定之处的肯定，以及对必须否定之处的否定。这种积极的反思与反馈机制是设计学的核心内涵，是工业设计将"限制"与"矛盾"转换为"抓手"的关键，也是将工业设计从美术或技术等片面角度就事论事的困境中解救出来的唯一途径。如此，设计便能从"物"、技术、自然环境、经济体系、社会结构等系统存在的问题出发，在我们必须直面的限制条件下形成演进式、差异化的解决方案，进而创造出"新物种"，创新产业链，以致在生存方式上实现真正的创新。

伴随着我们的持续思考与实践，工业设计的研究范围早已摆脱了工业的园围。在这个过程中，产品、生活方式、经济和生产关系，甚至我们的思维方式都经历着打散、重构与格式化。在这样的背景下，无论是工业设计的实践者还是学习者，都应该认识到工业设计不仅仅是一种技能或创新模式。它更深层地体现为一种思维方式，是推动创新产业发展的关键路径。在实践中，我们应当关注国家的强盛、民众的福祉、民族的复兴，以及人类未来的可持续发展，其目标应当是创造一个健康、公平、合理的人类生存方式。这涉及如何引导人类共享资源，以及如何制约人类对物质资源的无节制占有与使用。工业设计在当代社会中的作用不仅是创新和美化，而是成为一种力量，抵制那些可能由商业或科技进步带来的负面影响。这种思维方式和实践方法是人类社会所迫切需要的，它能够保障我们走向一个更加公正、可持续的未来。

这套"全国高等院校工业设计专业教材"以其宽广的视野和完整的体系，为工业设计教育提供了一份宝贵的资源。该系列教材不仅仅聚焦于新技术和新工具的发明，也更加强调利用新技术、新工具去拓展人类的视野和能力，从而改变我们观察世界的方式，发展出新的设计观念与理论。同时，借助体例与内容的创新，这套教材能够帮助相关专业教师实现从知识传授向能力培养的转变，并赋予学生自我拓展、组织和创造知识结构的能力。

我愿与市场、与技术精英们商榷：

"工商文明"真的就是人类文明的高峰吗？"更高、更快、更强"的竞技体育都明白，弱肉强食的"丛林法则"是动物的"文明"，所以"更高、更快、更强"是手段！"目的"是要"更团结"！人类文明的发展不应该，也不可能是以"工商文明"为终极目标的……用"设计逻辑"诠释"中国方案"的原创思想，才是我们的战略制高点。

（1）要推动各个领域的中国学派要讲"风清气正"的中国故事，要出思想、出创新、出成果；

（2）要探索更高意义上的"普世价值"；

（3）扬弃"工商文明"的"丛林法则"，用中国智慧的逻辑来重新思考未来可持续发展的人类社会"新文明"结构系统。

积淀了五千年的中国哲理告诉我们，研究历史是为了看背后的影子，而目的是从影子中找到前方的太阳！"中国方案"——中华民族复兴——"人类命运共同体"将代替"工商文明"诞生一个新的文明——"分享"型的服务经济——"提倡使用，不鼓励占有！"是商业创新，是产业创新，是社会创新，是人类文明的进步！

此外，我也深切地期望能与国内的设计同行，尤其是从事设计教育和设计研究的学者们互相勉励，一同思考中国设计教育所面临的挑战，以及中国设计教育所肩负的历史责任和使命。

清华大学首批文科资深教授　柳冠中

2024年1月1日

序二

设计的目标是为人类创造福祉。

工业设计，与生俱来，具有对技术的关注和敏感。近年来，以数字技术为代表的信息革命，以一种令人应接不暇的态势将物联网、虚拟现实、元宇宙、人工智能等新技术、新概念、新思维及新工具推到人类面前。技术浪潮的推动必然诱发对工业设计内涵的重新思考与工业设计教育体系的变革尝试：尝试如何以一种更为开放的教学结构将新兴技术整合进设计教学，在培养学生应用新技术、使用新工具去创造设计新边界的同时，引导其理解技术和工具对设计过程、结果，乃至人类社会生活的影响，最终促进新形势下技术与设计及社会文化的挑战性融合。

设计是为社会的发展、人类的生活创造一种新的可能性。

设计教育要因应时代的发展跟踪新技术，同时设计教育也要关注日趋复杂的设计对象与任务。时至今日，工业设计的设计对象从传统的"物"的范畴逐渐演变为包括体验、服务甚至组织等在内的更广泛"非物"的范畴，设计过程也有了更多复杂性。这种迭代与扩展都对学生的知识与能力、观念与意识提出了更高的要求，不仅需要学生获取更广博的知识，还需要具备自我扩展、组织、更新知识结构的能力和跨学科合作的能力；需要具备更宏观的思维力，关注设计与社会发展之间的联系，以一种更积极的态度思考设计介入社会转型发展的可能性。社会责任感、设计伦理观念和美学及人文精神作为设计者的核心素养，将更加深刻地影响设计的发展和社会的进步。

未来的设计必将是跨学科、多领域的融合共创和系统运转。设计还要关注以未来为导向，通过回顾、洞察、构建、反思、批判等设计方法，充分利用设计工具，协同创新，有效创造，持续发展。用设计服务生活、引领未来生活。

非常欣喜，看到各位青年学者携手并肩、与时俱进，持续开展设计教学改革的热情、努力和成绩。他们不忘初心、严谨求实；他们不惧挑战、勇于创新；他们有丰富的教学经验和广阔的视野，对新形势下的工业设计教学有深入的思考，这些都在本套教材中有充分的体现。我相信这套教材不但可以帮助设计专业学生建立更全面的能力系统，而且可以为设计专业教师提供有内容、有价值的教学参考。期待与大家一起，不懈努力，共创教学改革新局面。

南京艺术学院校长　张凌浩

2024年1月1日

课程定位问题

产品设计初步（也称工业设计基础），是一门立足于工业设计、产品艺术设计专业的基础课程。它在设计基础课程中所承担的分工，主要是集中介绍专业学科全貌，但又融合了课堂实训项目、专业课程实践任务的角色。因此，它是一门区别于设计概论、设计史等纯理论的课程。

工业设计专业所涉及的知识和技能脉络比较复杂，是一门复合型学科。为了形成开阔的学科视野，工业设计的专业基础涉及多个不同领域的学科基础，不仅包括知识理论类、技法技能类、工程技术类、美学素养类、营销与市场类等方面，甚至还包括心理学、哲学、社会学等方面。

如果要更准确地定位产品设计初步这门课程，我们就必须首先区分出那些必须单独罗列，并进行专门的培训、练习和提升的基础板块。除此之外，那些不需要单独列出来的，可以通过整体的讲授、理解，或稍加演练就得到提高的，才应该作为这门课程的主要内容。

例如，设计手绘草图技能是工业设计师必备且重要的基本技能；同时，需要有集中训练的教学场景，大部分院校的设计专业都会专门设置设计表现技法类课程，因此不在产品设计初步课程中过多探讨。

色彩学、心理学、产品技术与工程等基础知识内容，如果设计专业的学生对此没有基本的了解，就可能在后续的设计工作中，导致严重的工作质量问题。

因此，虽然我们难以做到在工业设计知识技能体系中的每个专门领域都涉猎很深，但必须设置必要的课程篇幅，包括其讲解与演练环节。产品设计初步应当作为区别于工业设计概论的一门统一、普及且务实的课程，通过学习让学生达到专业素养、认知水平和综合能力的提升。

本教材的设计

本教材是为了配合上述课程的教学目的与定位编写而成，主要的设计思路与特点包括以下内容。

特点一，注重对教学内容的类型划分。例如，第一章、第二章均为基础知识的介绍，课程形式以讲授、讨论为主，所涉及的如果是技法、技能类的知识，则需要结合同时间平行的相关课程来加深理解；第三章、第四章、第五章主要阐述视觉相关的图形、色彩、构成、造型方法等，是产品外观与造型设计的技能基础；第六章强调产品设计的行业知识、观念与主流做法，目的是将设计的学院派理想与社会实践衔接，是针对职业设计师的素养教育。

本教材注重学生在课程中的参与度，任课老师可结合每章后的随堂练习来强化教学互动。

（1）结合课程知识的讲授，以课堂讨论、论述的形式提升学生对工业设计专业的探索、理解与职业认同。

（2）鼓励学生通过问卷、调研、访谈等形式，向职业设计师、行业组织、企业负责人等不同人士获取相关一手信息，从而缩小在校所学与社会需求之间的差距，增强学生的目标感、获得感。

（3）通过设计适当工作量的课程项目化训练内容，提升学生知识、技能、思维之间的融会贯通。

特点二，规避了同类教材中只谈设计、忽视产品与技术和工艺的问题。

（1）第二章中强化了对产品认知内容的解读。

（2）第四章中从多个角度论述了产品形态设计与产品的功能、使用、场景及其工艺的关系，让学生全面、立体地理解产品形态设计的职责、作用与方式方法等。

（3）第六章将工业设计置入批量制造与生产实践之中，引导学生形成设计服务产业的观念；避免学生沉迷于设计的理想主义状态。

此外，作者制作了与本教材配套的线上教学资源，包括微课视频、动画、课程标准、教案、PPT讲义、图片案例等，供学习者同步使用。

本教材立足设计行业实际应用，力求适度引导学生，但又不希望阻碍学生独立判断能力的形成；力求介绍产品与产业现实，但又希望能反向映衬学院派设计教育教学的一次尝试。受限于作者能力、水平、投入程度等因素，仍有不尽如人意之处，欢迎批评指正。

本书配教学资源链接，扫描二维码可观看

编者

目录

第一章

初识设计

教学内容： 1. 现代工业设计理念
2. 工业设计的价值
3. 工业设计的职业技能

教学目标： 1. 了解现代设计与传统工艺美术的异同
2. 理解工业设计对现代制造业的巨大价值
3. 理解工业设计的职业技能体系

授课方式： 多媒体教学，理论与设计案例相互结合讲解，设置课堂思考题
建议学时： 6学时

第一节　设计的基础知识

一、什么是工业设计

现代工业设计诞生至今，其学科范畴与书面表述的定义经历了数次变化。可以说每次设计思潮、流行理念或时尚风格的重大变化，都可能形成对工业设计内涵的一次变革，甚至重塑。也正是这样的原因，导致人们对于工业设计的认知、价值和实施的方式往往各有侧重，甚至呈现出较大差异。

以下选取三个不同年代的工业设计定义，通过对比可以达到相对全面的理解。

1980年，国际工业设计协会理事会（ICSID）将工业设计定义为："就批量生产的工业产品而言，凭借训练、技术、知识、经验、视觉及心理感受，而赋予产品材料、结构、构造、形态、色彩、表面加工、装饰以新的品质和规格。"

此定义向我们揭示了工业设计的主要任务是设计产品的外观、结构等，这比较符合过去很多年人们对工业设计的主要认知，又因为历经几十年，因此流传最广、影响深远。

2015年，国际设计组织对工业设计的概念做出了新的描述。

（工业）设计旨在引导创新、促发商业成功及提供更好质量的生活，是一种将策略性解决问题的过程应用于产品、系统、服务及体验的设计活动。它是一门跨学科的专业，将创新、技术、商业、研究及消费者紧密联系在一起，共同进行创造性活动，并将需解决的问题、提出的解决方案进行可视化，重新解构问题，同时将其作为建立更好的产品、系统、服务、体验或商业网络的机会，提供新的价值以及竞争优势。设计是通过其输出物对社会、经济、环境及伦理方面问题的回应，旨在创造一个更好的世界。

2017年，世界设计组织对工业设计的定义更新为：工业设计是驱动创新、成就商业成功的战略性解决问题的过程，通过创新型的产品、系统、服务和体验创造更美好的生活品质。

从2015、2017年工业设计的文字表述中，我们已经完全看不到1980年的概念中，强调外观、造型、结构、材质、工艺等具体设计内容的表达；相反，强调的是最终目的——创新、商业成功和更好的生活。

到底哪个定义更加准确？其实都没错，只不过需要我们结合自身所处的社会时代及设计实践来理解。

在1980年之前，制造业的主阵地是实体产品的创新设计和生产销售；且商品物质的相对短缺，使企业对社会性营销的依赖度不高，实际情况就更贴近当时的定义。而在信息爆炸、商品竞争白热化的今天，商业的成功则更加依赖创新、商业策划、设计策略及咨询等因素以规避风险，这恰恰更好地印证了2015年及2017年工业设计定义中所强调的内容。三种定义反映了工业设计范畴的扩大、内涵的升级。这种变化并不是主观臆造，而是适应时代需求，伴随着产业的升级和革新。

一般看来，当前工业设计领域普遍存在广义和狭义两种理解。

广义工业设计（Generalized Industrial Design）是指为了达到某一特定目的，从构思到建立一个切实可行的实施方案，并且用明确的手段表示出来的一系列行为。它包含了一切使用现代化手段，对有形或无形的产品进行生产或服务的设计过程。这种不仅限于产品研发的"使用现代化手段进行生产和服务的"设计过程，实际就是"商业策划"并具体实施的全过程。

狭义工业设计（Narrow Industrial Design）指产品设计——即针对人与自然的关联中产生的工具装备的需求所做出的响应。其中主要包括了为了使生存与生活得以维持并发展所需的物质产品，诸如工具、器械，涉及衣食住行的一系列物质性装备等所进行的设计。狭义的工业设计的概念，是把工业设计的工作领域限制在了可见的产品外观层面，是利用可视化的手段，促使硬件产品的形象和外观得以呈现的产品研发领域的工作。

工业设计已经从过去被定义为产品研发领域的职能或者技能型的分工，发展成当今作为企业商业组织的策略、战略层面的决策了。

事实上，这也更加符合当前先进的工业国家对工业设计的战略定位。

二、现代工业设计的理念

工业设计定义的演变及其内涵、理念的发展，实际上一直是通过现实社会及其制造业的设计实践所赋予的。不同的时期就有不同的设计理念，不同的思潮与实施途径。

从1851年英国伦敦的"水晶宫"国际工业博览会（图1-1）开始至今，世界工业设计已经沿革和发展了超过170年，涵盖了工艺美术运动（图1-2）、新艺术运动（图1-3）、现代主义、后现代主义等诸多思潮与风格、流派。

手工艺和工艺美术在工业设计的诞生之初，发挥了不可忽视的影响和推动作用。但同时，现代工业设计已经从根本理念上形成了一条与传统手工艺、工艺美术完全不同的发展之路。

现代工业设计与传统的手工艺、工艺美术到底存在哪些区别？

图1-1 1851"水晶宫"博览会

图1-2 工艺美术运动代表作

图1-3 维克多·霍塔的代表作　　　　　　索勒维公馆（Solvay）外墙　　　　　　索勒维公馆（Solvay）室内

区别一在于工业设计是为大工业化、大批量生产（图1-4）的工业产品所提供的设计或技术服务；而手工艺、工艺美术则主要针对产品（或工艺品）的单个制作或小批量制作。后者的制造批量很小（往往是单件），主要使用人工——生产效率及批量化的能力受人的体力、脑力、情绪等的制约，与大工业化、机械化、自动化生产有着极大的区别。

区别二在于手工艺或工艺美术是以满足视觉和审美方面的需求为主要目标；而现代工业设计则是从产品的市场需求及其商业价值和功能实现的一系列价值角度切入，追求契合市场经济规律，且在需求、成本、效率等诸多因素之间取得价值平衡。

现代工业设计的理念指导下的最终商品，很显然不会是仅仅为了满足审美目的——审美需求只是其中之一，绝非唯一！

例如，除了要满足审美需求之外，其他必须关注设计要素包括：功能可用性、使用便利性、生产效率、成本高低等；还包括售后服务的各种因素，例如，维修与回收、物流成本、运营模式等。所有这些，都是工业设计无法回避、必须充分考虑、统筹兼顾的产品设计要素。

图1-4　大批量生产

现代工业设计的理念，就像2017年的更新定义表述的那样：一切都是为了最终的商业成功，一切都是为了创造更好的生活。为了达到这样的最终目标，商业机构该采用怎样的产品手段，是循序渐进的保守迭代，还是耳目一新的颠覆式创新？这已经不是目的，而是方法问题了。

决定商业成功与否的因素众多，用户的主观审美可能未必是最重要的因素。在针对现代工业设计的作品和成果的评价标准中，外观视觉的美观程度因素，只是众多评价标准、评价维度当中的一个，甚至并不能压倒其他标准或指标。

即使我们不过多考察商业和社会因素，单纯从工业设计的经典视角来评价产品设计的好坏——例如，在迪特·拉姆斯的"设计十诫"（图1-5）中的第三条，即"好的设计是美观的"；这一标准自然是重要的，但请注意，这毕竟只是众多的设计评价标准之一，绝非唯一！

"团队性"是两者之中所存在重大区别的第三个方面。如何理解两者之间的"团队性"差异呢？

首先，在大部分情况之下，工艺美术的创作只需要少数几个人；甚至往往就是工艺美术师个人的创作。与此相反，完整的、成功的现代工业设计往往要基于一个职能分工清晰、协作体系完善的团队。

对于任意一个新产品开发的团队，除工业设计师之外的团队成员还包括市场营销与调研、竞争对手研究、竞品分析、可行性论证、项目预算、工程与技术实施等其他的岗位成员。工业设计项目中关于新产品开发设计的方向性、指标性、实施性的决策，往往是一种集体决策——是由整个新产品开发团队通过调查、分析、论证之后，集体做出的。

1. 好的设计是创新的。
2. 好的设计是实用的。
3. 好的设计是美观的。
4. 好的设计让产品更易懂、易用。
5. 好的设计是内敛的、不招摇的。
6. 好的设计是诚实的。
7. 好的设计是耐用的、具备长远价值的。
8. 好的设计是细致入微的。
9. 好的设计是环保的。
10. 好的设计是尽可能少地设计、少即是多。

图1-5　迪特·拉姆斯"设计十诫"

例如，市场细分和目标用户的确定，往往取决于营销岗位团队成员的研究结论。而生产工艺和加工制作流程的确定，有可能更加依赖熟悉生产和批量加工的领域的成员；主导产品的硬件、软件开发、交互设计的，则是相应的电子工程师、软件工程师、UI交互设计师等。甚至在投资方向、投资力度的把握和决策方面，往往个人意愿并不重要，实际取决于整体项目的成本预算和企业的财务状况等。

团队中的工业设计师所承担的角色，从岗位职责来看，主要体现在汇聚并提炼团队的决策和意见中的可实施目标，结合设计专业技能，输出一系列看得见、摸得着、可实施的思路、概念、视觉及工艺方案。

需要注意的是，整体的产品工业设计实际上包括了上述的所有职能分工在内，最终目的都是为了获得产品设计的成功——这就是"广义的"工业设计项目。

当然，优秀的团队是由优秀的个体成员组成的。一位工业设计师的丰富经验，对团队至关重要。随着项目经验的积累，经验丰富的工业设计师可能在上述的每一个领域里面都有所涉猎，从而积累并形成他人难以取代的项目全局视野和实战经验，甚至形成了独特的、高价值的产品理念。如果团队中拥有这样的优秀设计师成员，他的能力无疑会对项目的价值与成功概率的提升形成极大的推动。

但从科学管理的角度，我们不能指望用个人的经验去取代团队作用。尤其是随着投资规模和投资风险的增加，我们更加要把个人因素放到团队的整体视角中去看待，用团队与流程去确保产品项目的成功。

企业成功实施工业设计战略的关键，一定程度上就是取决于如何处理团队整体与各环节个体成员之间（包括工业设计师）的关系问题！

三、工业设计师的岗位角色与工作范畴

工业设计师的日常工作中，承担的是一种什么样的角色？

设计师既不同于工程师，也不同于艺术家。工程师倾向于按照清晰的数据、技术和规程要求实施项目。而艺术家的创作，则在很大程度上是个人感受、情绪表达的行为，他们可以发挥、放任，或反叛。

工业设计师是在集合了技术、经验、文化、艺术修养等方面积累的基础上，对产品进行合理的、规范的、创新的设计。其创作既要符合设计师个人价值理念，更要符合目标市场的需求。

工业设计师的这一角色对于职业的设计从业人员，提出了怎样的要求呢？这样的要求是高还是低呢？

在人们的直觉印象中，好的工业设计师往往需要有天赋、能创新、大脑聪明、有生活的感悟、有足够的阅历积累；当然更需要团队精神、经济头脑、工程知识等。并且，工业设计师既要能将产品设计成为人们"希望的""理想的"样子；又最好是有些"出乎意料"的样子；而这种新产品，既要是个性鲜明的，又必须能适应工业化、大批量的生产、推广和销售，以便分享给更多的市场用户。

这么看来，工业设计既创造价值，又是个爱心工程；既是一个理性的过程，又是一个突破的创新过程。

合格工业设计师的能力，可分为"显性"和"隐性"的两种类型。"显性"能力指相

对具体的技能;"隐性"能力则指抽象的、难以通过短期训练而获得的素质。"显性"的技能包括以下方面。

(1)设计手绘能力。工业设计师必须具备将转瞬即逝的想法通过手绘快速表达,记录出来的能力;手绘的好坏有时能决定一个产品的创新上限。

(2)电脑软件应用能力。现代工业设计需要通过运用各种电脑设计软件,从而对原型创作、草图设计、三维建模和渲染、结构设计、模具设计等过程及结果进行规范、优化或效率的提升。

工业设计师经常使用的电脑软件众多,例如,用于平面设计的二维软件Photoshop、CorelDRAW、AI等;用于立体造型的三维软件Rhino、Alias等;用于彩图渲染的三维软件KeyShot、Cinema4D、HyperShot等;还有用于产品结构与工程技术分析的三维软件Pro/e(最新版叫Creo)、CATIA、SolidWorks等。

(3)制作实物原型的能力。动手能力是工业设计师综合能力的一项指标;毕竟再逼真的虚拟图像,也替代不了实际物体。通过制作实物原型,才能给设计师传递足够直观的尺寸、体量、触感等重要信息。

(4)结构工艺与工程的实施能力。通过了解产品的生产制作过程,对结构、工艺实施等有更深入的理解,以达到对产品设计更加全面的认识和掌控。

工业设计师需要具备的"隐性的"素质和能力又包括哪些?

(1)创造力。创造力是新生事物的来源。工业设计的创造力并不是天马行空的,而是必须建立在现有的技术、工艺的基础之上,能应用到新的产品中实际能力。

(2)发现问题的能力。发现问题是解决问题的一半。设计师要保持好奇心,像孩子那样,拥有一双好奇的眼睛,善于发现生活中方方面面的问题,并找到设计的用武之地。

(3)分析问题的能力。设计师必须拥有逻辑推理能力,能够研究用户行为、市场需求、产品技术等,从而确定新产品的功能和规格。工业设计师必须有结合用户、场景、产品的综合分析能力,从而为产品的设计提供前提条件。

(4)一定的商业素质。工业设计师所创作的新产品,绝大多数都是为了满足人们的市场需求,甚至是为了让产品从激烈的市场竞争中脱颖而出。因此,完全不具备商业素质的设计师,确实是产品取得商业成功的一大障碍。

(5)人际交往与沟通能力。工业设计师经常要与工程师、用户、客户等沟通设计的需求或可行性等,因此工业设计师必须具备良好的口头表达与团队协同合作的能力。

(6)解决问题的能力。解决问题往往要求的不是单一素质,而是综合素质。工业设计师必须在综合考虑产品诸多因素的同时,还要能合理平衡艺术、技术和社会、商业的成功要素。这其实对设计师的综合能力提出了极高的要求。

四、工业设计的价值

工业设计到底能带来怎样的价值呢?我们又该如何去客观地评价工业设计可以给企业、行业的发展带来的价值呢?

作为全球著名的管理咨询公司,麦肯锡(Mckinsey & Company,美国)历时五年，调查了全球300家上市公司的设计战略和财务表现，为每家公司评估了一个"设计指数"。结果表明：那些设计指数更高的公司在其年收入增长方面平均要比其他的同业竞争者高出一倍以上。

美国苹果公司的表现（图1-6）进一步证明了好的设计的确能给企业带来更好的商业表现。

但是这份评估也显示：有超过40%的受访公司表示他们还没有在产品开发阶段，充分听取用户的建议；另有50%的公司承认，他们还缺乏有效的办法去评估设计团队的商业表现；更为常见的是，有不少公司的高管依然不愿意向设计部门分配更多的资源——之所以出现这样的情况，主要还是在于这些企业的高管对于"工业设计是形成工业经济的价值内核的关键环节"这一事实还缺乏充分的认知。

工业设计是对工业产品的外观、功能、原型、结构、用户体验等进行全方位整合、优化的创新活动，其重要性主要体现在四个方面。

1. 创造产品的差异化

首先，我们应该认识到：产品的差异化是现代企业的生存、发展之道——高度雷同、红海竞争的"同质化"产品难以给企业提供足够的生存发展空间。其次，同质化的产品不仅利润薄，还有触发知识产权风险的可能。通过设计来寻求产品的差异化竞争优势，以此应对市场产品的同质化竞争，是现代企业持续发展的必备能力。

2. 推进技术的市场转化

科学技术的发展，要以其在人类社会及其相应使用环境中的可行性、实用性、必要性等为基本前提。任何一项科学技术的突破，或者发明创造，都不应当以实验室内的成功作为终点，相反实验室的成功只是起点。毕竟，技术被局限在实验室内不仅产生不了利润，也对科技研究的持续性不利。

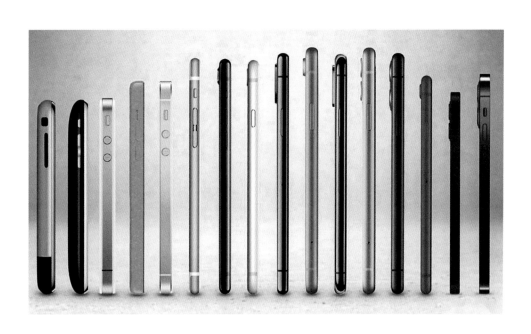

图1-6　Apple的好设计持续给企业带来好的商业表现

而工业设计关注的，恰恰是科学技术的应用和市场转化。企业通过设计将科技成果产品化、商品化、产业化，进而能促进科技成果向企业所追求的利润转化，这对于企业及其关联科研机构，是一种交相辉映的"双赢"。

工业设计除了能赋予产品竞争优势，并推进技术成果转化之外，其价值也不仅体现在产品技术层面；更多的是体现在公司经营理念的层面——其对企业整体的促进作用要比对单一的产品价值更大。

3. 促进企业的创新与管理

通过观察设计指数排名靠前的公司，麦肯锡总结出了四点设计战略建议。

（1）设计不仅仅是一种感觉，更是一种经过精心计算的领导力，或者说是一种创新管理模式。

通过实施工业设计战略，可以有效地提升企业的产品创新和开发管理的能力。这是因为现代产品的设计开发，必须靠集体的力量才能完成；而合理有效的设计管理，就是将产品的设计纳入可持续发展的规划当中。当新产品的设计开发成为一家企业的常态时，企业就必须规范其管理模式，并维持其产品开发团队及其运作的稳定性。客观上，这种状态促进了企业的管理创新。

图1-7是一套简称为IPD（全称：集约式产品创新开发流程）的新产品开发流程。该流程早期源自美国IBM管理创新团队，之后在我国不少知名企业成功实施，极大地促进了企业发展过程中的产品创新及其规范化、常态化，并助推企业的发展壮大。

（2）设计不仅与产品有关，它也是一种体验，更是一种文化。

设计的目的是创新，企业想要生存发展需要创新。工业设计战略的实施可以激励企业大胆创新，积极地引入创新型人才。

一家良性发展的企业，只有根据市场的不断变化，及时做出精准的、创新性的调整以适应市场，才能够满足消费者的需求变化，并保持企业得到相对较高的收益。习惯了这样良性发展的企业，会更加认识到创新设计文化的重要性，更加离不开设计创新带来

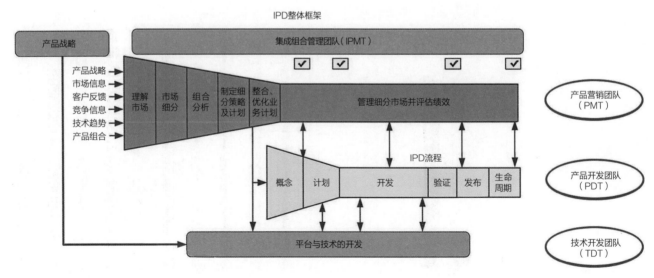

图1-7　IPD流程整体框架

的价值。

这里的"体验"主要指创新体验，"文化"指企业与时俱进、主动求变的创新文化。

（3）设计不是单一部门的事，而是跨行业、跨部门的资源整合手段。

工业设计可以使企业的形象深入人心。

对于企业而言，一个创新型的企业形象、企业品牌形象是企业的核心竞争力。企业通过实施工业设计战略，将设计的创新思维以自上而下地植入企业各层级、各部门的管理中，让求创新、求发展成为企业的价值共识。这将极大地调动企业整体的发展活力，并真正地把企业形象变成值得人们信赖的品牌形象。

从这个角度来看，工业设计是一种高明的整合企业内部、外部资源的思路、方式。

（4）设计需要持续地更新，而不仅仅是一次性的投入。

通过工业设计的战略实施，逐步地将设计创新的意识植入企业领导者的头脑当中。

如果能实现这一点，企业其实就具备了设计驱动的基因。显然，企业的领导注重设计、创新；并且领导在潜意识里将设计当作企业的核心竞争力来对待；那么工业设计不仅会为企业带来长足的发展，同时也能以丰富的成果回馈企业，形成良性循环。

4．优化和再造产业体系

工业设计对于促进整个产业的变革作用，更加不容忽视。一个地区、一个国家的主要行业及其代表性制造业企业是创新型的，还是加工型的，对其所处的上下游产业链有着极大影响——在不断求新求变的行业氛围中，大部分的产业资源都会相应地产生创新的内生需求，以适应行业的整体发展。

工业设计所能提供的价值很多，以上四点不容忽视。不同行业和企业的发展，可以对应自身不同的发展需求和状态，逐步实施。

第二节 工业设计的基础技能

工业设计师作为一个职业，其从业人员必须具备一系列专业技能和素养。这些专业领域的技能、素养，随着设计师学习、工作经历、岗位的变化和升迁，就有了初级和高级之分。

一、产品分析能力

在工业设计师的众多能力当中，产品分析能力极其关键。工业设计师所设计的产品，往往分为不同的种类。不同的种类的产品，其功能、外观、结构、成本、使用体验，以及所面对的细分市场等，差异是巨大的。合格的工业设计师必须具备一定的产品分析能力，并能够在较短的时间内通过分析这类产品形成比较深刻的认知——这是完成产品创新设计的必要前提条件。

针对产品的分析主要做哪些工作呢？

其一，作为工业设计师，要能对产品的外观素质进行分析。

易于交互

流线型
与仿生

风格要素板

简约、可爱

图1-8 产品的风格、调性

产品外观层面的素质又分为风格、特征、颜色、材质、造型，以及其所使用的一系列工艺技术等。其中，尤为关键的是产品设计的风格（图1-8），这是精准地获取消费者眼球的关键。

其二，要针对产品的功能和结构进行分析。

产品的功能，满足的是消费者的实际使用需求，而结构事关产品的稳定性和可靠性。这两个方面既充分地体现了产品的质量、品质这一个衡量指标，同时也是消费者购买该产品所关注的实用价值，还决定了消费者购买后对产品的满意程度。

其三，要分析产品的成本及其生产的便利性。

为什么要把成本（图1-9）和生产的便利性放在一处讨论？成本高的产品往往是因为生产的便利性差；反之，生产便利性高的产品，往往因为能有效地降低人力、时间等生产成本。现代工业的大批量生产，讲究的就是高效率、高稳定性，失去这一点，产品成本必然升高。

对于一些设计师而言，为了获得更加理想的设计，很容易在有意无意中忽视了成本因素。但这种疏忽可能是致命的——失去成本优势的商品可能已经输在了起跑线！在一个充分竞争的市场环境下，能够为企业带来可观利润、实际效益的产品往往具有高性价比。而决定性价比高低的天平，一端是产品的功能和质量，另一端就是成本。对于设计师，具备成本意识、重视产品的性价比竞争与重视创意一样重要。

其四，针对用户的研究和分析能力。

设计师要具备针对使用者及其使用过程、使用习惯、使用方法等进行研究与分析的能力。现代设计强调以人为本！一件品牌产品能拥有多少忠实的粉丝，其实很大程度上取决于其旗下产品的使用体验设计如何。好的产品体验能够为企业品牌带来持续的正向效应。

其五，针对竞争产品的分析能力。

产品设计要避免闭门造车。经验证明，越是实用价值高的产品，越可能在市场上已经拥有了同类的竞争产品和品牌，有的甚至已经存在了大量的竞争产品。

设计师想要出色地完成设计任务，必须清醒地认识到：通过竞品分析，获取下一代产品应该具备的竞争优势信息，是确保能形成产品核心竞争力的关键。如果对同类

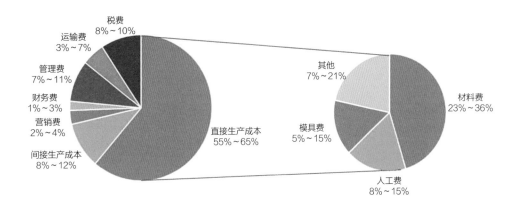

税费
8%～10%

运输费
3%～7%

管理费
7%～11%

财务费
1%～3%

营销费
2%～4%

间接生产成本
8%～12%

直接生产成本
55%～65%

其他
7%～21%

材料费
23%～36%

模具费
5%～15%

人工费
8%～15%

图1-9 产品成本的构成

竞品的优势、缺点都不清楚，那在设计新产品时就失去了必要的目的性、针对性。知己知彼，百战不殆——竞品分析的目的就是要首先做到"知彼"，从而奠定超越竞品的基础。

针对竞争产品做出透彻的竞品分析，不光可以带给新产品开发很好的参照意义；最重要的，是避免前人犯过的错，规避不必要的损失。

常用的竞品分析方法有很多，如SWOT分析法、列表分析法、矩阵图、雷达图等。

我们强调产品分析能力对于设计的重要性，不仅是因为它理应是设计师的基本意识；更重要的是提倡设计师主动地利用客观分析和量化数据的方式去判断产品的设计方向，避免纯粹依赖直觉或所谓"灵感"去做设计。促使产品成功的因素有很多，而导致产品失败的因素却往往少不了这一类——无依据地"拍脑袋"！

二、设计手绘表达技能

设计手绘，又称"设计草图"（图1-10），一般是指设计初始阶段的设计雏形，多以线条为主，具备思考性、记录性。设计草图目的是记录设计的灵光与初始意念，因此有时会比较粗略、潦草，不刻意追求效果和准确度；它诞生于人们借助电脑软件做设计之前，是一种传承最久远的设计表现方式。

设计手绘所需要的工具简单，往往就凭借一支笔、一张纸，能随时记录设计师的灵感火花。

1. 设计手绘的作用

设计手绘草图是设计最初的表达方式，有以下作用。

第一，有了构思需要在第一时间记录下来，而手绘草图就是最便捷的办法。

第二，手绘设计草图的绘画过程，本身就能够进一步激发设计创意。手上不停画着，脑中思路逐渐打开——这是很多设计师共同的创作感受。

第三，手绘草图能够方便在第一时间与他人进

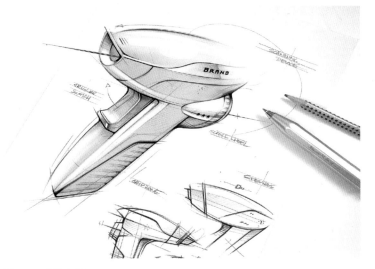

图1-10 设计草图

行交流，具备文字无法替代的直观性。

第四，手绘草图是最终电脑效果图的根源，没有草图的电脑效果图制作，其效率和效果往往并不理想。

2. 设计草图的种类

设计草图的画法因人而异，也根据所设计的目标产品及其设计阶段的不同各有侧重。因此，设计草图的种类区分并没有严格的标准。以下，我们提供一种根据设计阶段、草图功能的不同所进行的草图分类法。

（1）概念草图。概念草图也叫构思草图（图1-11），一般画得比较潦草、快速，这是记录设计初始意向的草图。概念草图往往以线为主，目的是记录设计的思维过程及灵光一现的意念，因此追求效率，不追求效果和准确。

此类草图常用简单的线条勾勒出产品的形体、轮廓、结构等；部分线面结合明暗素描的技法，表现产品的主要块面、凹凸、光影关系等。构思草图并不以向他人传达为目的，而是设计师与自己的对话。

（2）解释性草图。解释性草图（图1-12）多为演示、讲解所用，而非方案比较。解

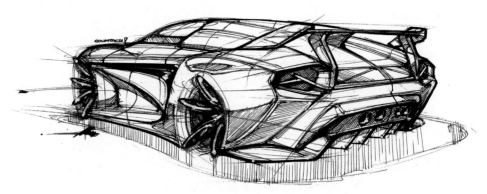

图1-11　构思草图

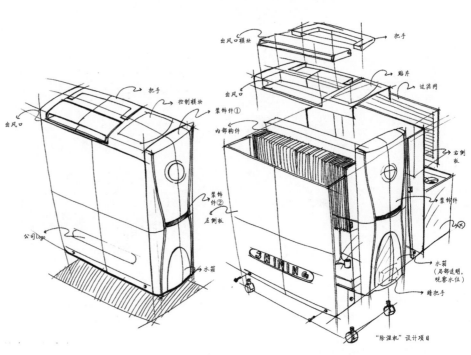

图1-12　解释性草图

释性草图往往画得较为清晰，尤其大关系清晰明了。它主要是以说明产品的使用方式、结构、功能构成等为目的；以线、简单颜色或轮廓等为主，辅以一些说明性的语言的手绘表现形式。

此类草图要从设计的功能、造型、结构、色彩及材质等方面做到让人充分理解，因此通常以透视图来表现。解释性草图使用的工具较构思草图更为丰富，除了绘制线条，还需使用色粉、水彩等表现工具。

（3）结构草图。结构草图（图1-13）的主要目的是表达产品的形态特征、功能结构、部件组合方式等方面的内容；其目的是方便设计师与工程师或其他人员之间的探讨，因此在绘制时，要求形态清晰、透视准确，要能体现轮廓线、结构线、分模线、装配方式等。

此类草图往往要画透视线，辅以暗影表达。

（4）手绘效果图。手绘效果图（图1-14）是设计师比较设计方案、效果时常用的，常用于设计方案的评审。

这类手绘图的目的，是以表达设计的感染力、表现力等视觉效果为主的。通常需要画清楚产品的主要形态、材质、色彩等；有时，为了强化视觉主题效果，还可能会结合使用环境、使用者等因素。

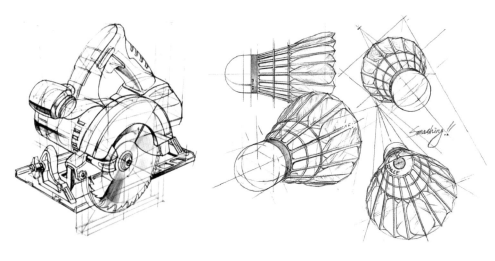

图1-13　结构草图

图1-14　手绘效果图

一张产品手绘图的好坏，通常从五个方面来评价。

1）完整性。设计手绘图的完整性，主要的要求是图面必须将需要记录或表达的信息，以"可视化"的方式表达出来。设计图的目的是有效地记录或传达，如果该记录的没记录，显然不理想。

2）准确性。结构草图往往很注重准确性，强调图面所表现的结果与设计师想要表达的是否一致。尤其是比例、尺度的准确性，造型风格的准确性，透视、变形的准确性等。

3）说明性。绘制说明性设计草图的目的，多是向他人说明设计的思路和理念，往往解释性草图很注重这一点。草图的说明性强，则使人一目了然；草图的说明性弱，则让人看得一头雾水。

4）逻辑性。这一点在结构草图和透视图中体现得比较集中。产品设计草图的绘制不是视错觉游戏，而是基于可实现的技术现实，在较为严谨的逻辑范畴内的创作。

5）生动性。产品设计草图虽然也强调准确和严谨，但并不是忽视表达的生动性。事实上，帅气的线条、夸张的视角、有趣的场景等，都能够给设计草图带来很好的视觉效果，更能生动、直观地传递产品的相关信息。

三、形象思维与形态创作

1. 形象思维

形象思维（Imaginal Thinking）是用直观形象和表象解决问题的思维，也称艺术思维。形象思维是作家、艺术家等在创作过程中对大量的表象进行抽象分析、概括、综合，从而形成典型性形象的过程。

形象思维所反映的对象是事物的外在形象。其思维形式是意象、直感、想象等形象性的概念；其表达的工具和手段主要是能被视觉、听觉、嗅觉等所感知的图形、图像、图式、音调、旋律和嗅味等符号和感受。形象思维的形象性使其具有生动性、直观性和整体性的优点。

2. 形象思维的主要方法

（1）模仿。模仿是以某种原型为参照，在此基础上加以模仿、变化从而产生新事物的方法。很多发明创造都建立在对前人或自然界模仿的基础上，例如模仿鸟类发明飞机，模仿鱼类发明了潜水艇，模仿蝙蝠发明了雷达等。

（2）想象。想象是在脑中暂时抛开某事物的具体状态或情况，考察并形成能深刻反映该事物本质的、简单化、理想化的形象。想象是发散思维的一种，也是现代科学研究中广泛运用的进行思想实验的主要手段。

（3）组合。组合是从两种或两种以上事物或产品中抽取合适的要素重新组合，构成新事物或新产品的创造方法。常见的组合方法一般分为：同物组合、异物组合、主体附加组合、重构组合四种。

（4）移植。移植是将一个领域中的原理、方法、结构、材料、用途等移植到另一个领域中，从而产生新事物的方法。主要有原理移植、方法移植、功能移植、结构移植等类型。

3. 基础形态设计的方法

（1）借鉴与模仿。一些著名的产品设计，同样得益于借鉴和学习，例如，苹果公司不少产品的外观借鉴了迪特·拉姆斯早期设计的产品。苹果手机的计算器UI界面，模仿了迪特·拉姆斯设计的博朗品牌计算器（图1-15）。苹果公司的MP4产品与博朗收音机风格神似（图1-16）。

在设计活动中，适当地借鉴、模仿，引入他人的优点是没错的。用图示、文字等形式，结合线条、图形、符号、颜色、文字等视觉元素记录想法和信息；并从中挑选出有价值、有规律的元素，运用逻辑推理、优劣补交、发散收敛、逆向思维、构成变化（分解、组合）等方法实施于产品设计之中。

（2）解构与重构。解构（图1-17），即对原有对象进行分解与整理，使其由一个完整的对象转变为多个相互关联却又相对自由的零部件或基础元素。解构的作用包括两种：一是通过解构能加深对原有对象的认知和理解；二是为将来的重构打下基础。

图1-15　博朗计算器与苹果手机

图1-16　博朗收音机与苹果的MP4

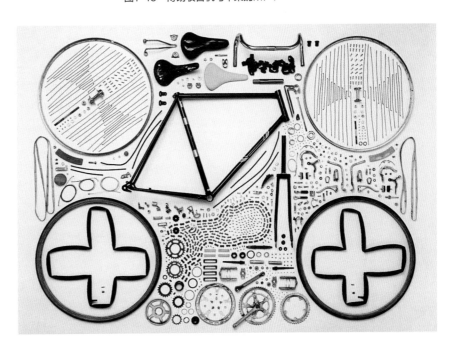

图1-17　解构自行车

图1-18 将自行车的元素重构

重构（图1-18）的前提是解构，是在保留原始形态基本元素的前提下，依照现代人的审美观念，对造型进行简化、变异和重组。重构方法有很多，包括夸张变化、归纳法等。

这里所讲的归纳法，是将复杂繁琐的原始形态进行简化和概括，在抓住其神韵与精华的基础上，省略繁琐的局部、细部、使产品形态更加单纯、简洁大方又不失原有的美感。

（3）抽象与互融。抽象是利用几何变形的手法对原始形态进行变化整理，通常用几何直线或曲线对原始形态的外形进行抽象概括，将其归纳组成为几何形体，从而具有简洁明快的现代美。

互融是将不同性质或门类的造型元素糅合在一起，然后进行重组的方法。中外互融、古今互融，是进行产品形态创新的一个非常有效的方法。

4. 产品形态的塑造

产品的外观有三大要素：形态、色彩、质感，优秀的产品外观必定是这三种要素的完美结合。

形态指的是产品的空间形状和态势，可以近似地理解为产品的轮廓。在产品外观的三要素中，形态往往是最难把握的。

形态是营造产品主题的关键，产品形态的设计方式主要有三种：

（1）几何形态是指以几何形态为基础，经过形态的组合（图1-19）、分割（图1-20）、变异等手法形成的产品形态；

（2）自由形态（图1-21）是指区别于几何形态及其他完全吻合数学规则的形态；通俗地说，就是偶然的形态、感性的形态；

（3）仿生形态是指人类模仿自然界的生物所创造的产品形态（图1-22）；包括模仿动物、植物或自然环境等。

形态问题本身就是工业设计从业者专业能力的一个重要方面；关于产品形态的设计与创作，我们将在第四章中做出更为详细的讲述。

四、产品工学基础

快速发展的科学技术使得知识更新成为时代对设计师的一个新要求。历来，优秀的设计师不仅精通、善用各种表现技法，更熟悉并合理运用工程学知识，并与工程师进行

图1-19　几何形态的组合

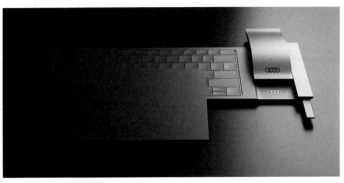

图1-20　形态的分割

图1-21　自由形态的建筑

图1-22　仿生形态的产品

无障碍的沟通，从而确保把思路与想法高效地变为实际的产品与体验。

　　设计不能脱离工程技术而独立存在。在现阶段的分工条件下，工业设计师更需要良好的工程素养，这也是确保设计师和工程师交流顺畅的关键。设置产品工学课程，让在校学生系统地学习一系列应用型的工程技术知识，并结合其产品应用的方法、经验、案例等，是一种有益的尝试。产品工学可包括一系列力学、电、热、声学的知识及其应用；包括各类材料特性、成型技术、表面处理、装饰工艺及其产品设计应用；包括结构、装配工程的常识及其应用；还包括环境、能源科学基础知识及产品设计的流程、规范等。

1. 力学基础

　　人们将物体之间或者物体各部分之间的相互作用，用力的概念来表述。自然界中存在着各种性质的力，它们的起源和特性不一样。人们熟悉的有万有引力、弹性力、摩擦力和流体阻力等。

　　以下列举一些在不同种类的产品中的力学应用实例。

　　自古以来，人类在长期的生活、生产实践中，积累了大量有用的力学知识与经验。并将它们以造物的形式赋予产品。原始的小口尖底陶瓶（图1-23），体现了人类祖先对于力学原理的敏锐洞察能力。它运用汲水时重心下移的原理，使瓶体自动从倾斜恢复到垂直，这是一个十分巧妙的发明。

　　例如，汽车的扰流板就是流体力学在产品设计中的一个典型应用。它指的是在车尾上方安装的附加板（图1-24）。利用扰流板的倾斜度，使风力直接产生向下的压力，从

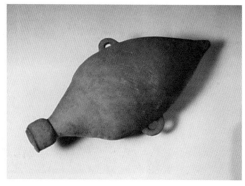
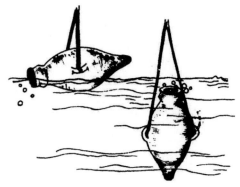

图1-23　小口尖底陶瓶

图1-24　汽车扰流板

图1-25　汽车风洞测试

图1-26　钓鱼竿的材料力学实验

而减少车辆尾部的升力，达到汽车高速行驶时的抓地能力。

新款汽车在投入市场前，都会经历一系列严格的测试。其中，针对车体表面的风阻情况所进行的风洞测试（图1-25）是一个重要的力学试验项目。通过测试的车辆，在行驶中风阻小、速度快且平稳。

除此之外，材料力学也是产品设计中经常涉及的力学范畴。在众多运动产品中，一些性能优良的材料能提供优秀的力学性能，例如，钛合金材料在高尔夫球杆，碳纤维材料在网球拍、羽毛球拍、钓鱼竿（图1-26）等产品的应用。

2. 光学基础

产品工学基础的光学部分，涉及透明或半透明材料的可视属性，以及光学在各类材料的表面、内部的各种传播形式。这些可视属性是指表面的色彩、纹理、光滑（泽）度、透明度、反射率、折射率、发光度等。正是有了这些属性，我们才能根据实际的产品功能及其应用场景，选择合适的材质。

利用凸透镜、凹透镜的光学原理，人们发明了老花眼镜、近视眼镜（图1-27）；利用平面反射、凸镜与凹镜反射等，人们发明了化妆镜、后视镜、太阳灶等实用产品（图1-28）。另外，利用光的发散、聚焦、反射等原理，可以设计和制造一系列发热、散热的产品。例如，对太阳能的利用。

3. 电学基础

电学基础主要围绕电能及其能量转换、做功能力。电能分直流、交流、高频电能等几种形式，均可相互转换。日常生活中使用的电能主要来自其他能量形式的转换，包括水力、火力、风力（图1-29）、原子能、化学能（电池）及光能（光电池、太阳能电池等）（图1-30）等发电形式。

电能可转换成其他所需能量形式。它能以有线或无线的形式作远距离的传输。电能被广泛应用在动力、照明、冶金、化学、

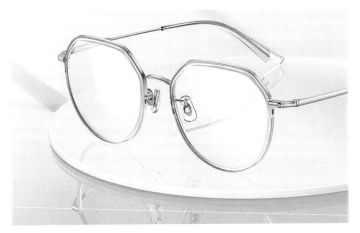

图1-27　眼镜产品中的光学应用

图1-28　太阳灶利用了凹镜原理

纺织、通信、广播等各个领域，是科学技术发展、国民经济飞跃的主要动力。

4．热学基础

热学（Thermology）是研究物质处于热状态时的有关性质和规律的物理学分支，它起源于人类对冷热现象的探索。"热力学三定律"是热力学的基本理论，包括三大定律。

第一定律：即能量守恒定律。它也可以表述为：第一类永动机是不可能造成的。因此，任何形式的"发热技术"或者"制冷技术"，都只是能量的转变和传输现象。

第二定律：是关于热传输过程的方向性表述——热能的自然传输方向，是由高温物体向低温物体；不可能把热能从低温物体传到高温物体而不引起其他变化（即：必须利用额外的能量）。

第三定律：是一个关于低温现象的定律——用任何方法都不能使系统到达绝对零度。

图1-29　风力发电

图1-30　太阳能发电

利用热力学的规律，人们也创造出了一系列具备实际用途的产品，例如，红外夜视设备等（图1-31）。

5. 声学基础

声音是由物体的振动产生的，这个振动的物体叫作声源。声音不能在真空中传播，要依靠介质（图1-32），介质的类型分为固体、液体、气体三种情况。声音是以波的形式传播的，又称"声波"；声波传播的空间就称为声场。当声波遇到障碍物折返时，会出现回声。

声音分为高、低音调的；音调的高低依赖于声源振动的频率。声音的强弱依赖于声源的材质及其振动幅度的大小；即振幅大，声音强；振幅小，声音弱。

人耳可以听到的声波的频率一般在20Hz（赫兹）至20kHz（千赫）之间，这就是人们常说的声音。

此外，我们把波长短于2cm的机械波称为"超声波"。在实际应用中，一般波长在3.4cm以下（频率10000Hz以上）的声波，人耳就很难感觉到了，也就可以视作超声波了。超声波常用于探测距离、障碍物等产品功能用途；频率小于20Hz（赫兹）的声波叫作"次声波"，人耳同样无法感觉到。次声波频率很低、波长很长。次声波的来源广，不容易衰减，不易被水和空气吸收，而且能够绕过障碍物，因此可以传得很远。次声波常用于远距离传输信号等，因此在通信领域得以应用。

6. 工程技术的可行性

针对产品设计专业的工学基础，除了上述的各类物理知识之外，还需要学习一些基于批量生产的产品工程技术的"可行性"管理方法——这是新产品开发中不可缺少的前期工作，必须经过充分的技术研究、市场调查之后，对产品技术的现状、发展趋势以及资源效益等多方面进行科学预测及技术分析论证。

首先要调查研究，包括：

1）调查国内市场、重要用户以及国际重点市场中同类产品的技术现状和改进要求；

2）以国内同类产品市场占有率高、排名领先的、国际名牌的产品为对象，调查同类

图1-31　红外热成像

图1-32　声音的传播

产品的质量、价格、市场及使用情况；

　　3）广泛收集国内外有关情报和专刊，然后进行可行性分析研究等。

　　其次要进行可行性分析：

　　1）论证该类产品的技术发展方向和动向；

　　2）论证市场动态及发展该产品具备的技术优势；

　　3）论证发展该产品的资源条件的可行性（含物资、设备、能源及外购外协件配套等）。

第三节　工业设计的技能进阶

一、市场调研与分析

　　作为面向市场和特定用户的工业产品，并不是可以任意发挥的艺术品——如果不通过市场调研，实际上很难获取全面、可靠、客观的市场需求及其他信息。缺乏市场调研情况下的设计创作，无异于盲人摸象。

　　但在日常的设计工作中，市场调研的作用往往很容易被忽视，主要源于两个原因：

　　首先，部分项目经理或设计师主观地认为自己很了解市场需求，不做市场调研分析也没问题。其次，人们错误地理解了设计和艺术的关系，将设计等同为艺术的个人创作灵感表达。

　　设计师们只有针对产品设计进行了有效的市场调研，并结合长期设计实践中的经验，才能更加准确地针对市场的实际需求，提出有效的解决方案。无论是让设计目标确定得更加精准，还是确保推出的产品更符合消费心理，抑或是出于不断扩大市场占有率的目的等，市场调研与分析皆不可或缺。

1. 工业设计的市场调研做什么

　　工业设计市场调研的目的，是通过实地考察、感受、体验、统计分析等，客观地验证一系列与设计相关的问题。这些设计的相关问题，包括还没有明确的设计方向与设计重点的问题、产品方向选择的准确性与可行性、记录并发现新的市场问题与潜在的需求等。

　　企业或工业设计机构进行市场调研，往往是为了做出对设计有帮助的分析结论，避免出现重大的产品设计目标误差，确保设计方向、设计定位的准确性，并最大限度地规避潜在的投资风险。

　　需要注意的是，这里说的工业设计市场调研其实也可以说成是关于产品设计的一系列问题的市场调研，与基于商机判断的"市场分析"是有明显区别的。

　　基于商机判断的"市场分析"主要目的是研究现实市场容量和潜在市场容量、制定市场开拓策略、合理安排商品的不同组合、价格策略等，以获取合适的市场占有率。通过市场分析，可以更好地认识市场的商品供应和需求的比例关系，采取正确的经营战略，满足市场需要，提高企业经营活动的经济效益。

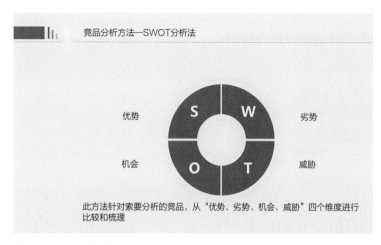

优势　　S　　W　　劣势

机会　　O　　T　　威胁

此方法针对索要分析的竞品，从"优势、劣势、机会、威胁"四个维度进行
比较和梳理

图1-33　SWOT分析法

2. 设计前期的市场调研应该怎么做

设计前期的市场调研的做法，往往由于产品设计目标的不同，有很大的区别。通常包括两大类产品设计的任务类型。

第一种类型是成熟产品的设计。设计目的是基于原有产品的迭代、更新、升级、补漏等目的。

第二种类型是新概念产品的设计研发。其目的是开辟新蓝海市场、创造新用户群体、拓展更大利润空间等。

两种类型的设计开发任务的不同，决定了市场调研的做法也不一样。

第一种设计调研以成熟产品的迭代、升级等为目的。一般已经存在相对稳定的存量市场和一定量的用户，此类设计调研不需要在产品的主要功能需求方面做过多的探讨。

因此，这类设计调研往往应该立足于三点：

其一，明确现有产品的优势并进一步强化；

其二，寻找当前产品的不足，并尝试弥补；

其三，新增必要的产品竞争优势。根据这三点，我们发现，此类市场调研，重在"竞品分析"和"产品定位"，可以尝试通过同类产品的数据分析、多维度对比等调研和统计手段来实施（图1-33）。

第二种设计调研以开辟新蓝海市场、吸引新用户群体、创造更好的利润空间等全新概念产品为目的。由于产品是全新的概念，很难确定新产品上市之后是否一定能获得市场和用户的认可和欢迎。因此，针对新概念产品的设计调研往往重在风险评估与控制，需要确定主要功能和市场人群的划分，而不需要在产品的辅助功能或次要因素上花费过多的时间。

这类设计调研要抓大放小，以明确方向、辅助决策、预估风险为主要目的。因此，新概念产品的设计调研一般来说，包括以下任务。

一是要明确市场需求是否客观存在？并且需要确认，目前客观存在的市场需求属于存量市场还是潜在市场？再者，就是这种市场应当采用何种产品策略才能予以激活（或拓展）？

二是要通过调研确定新产品的功能定义和设计的需求输入清单，即通常所说的5W1H设问法（图1-34）。主要包括：新产品是什么？目标用户是谁？使用场景怎样？功能、配置如何？市场为什么需要？如何使用等？

针对上述两类产品设计的市场调研，可分为市场调查和产品研究两个方面，主要形式包括以下方面。

（1）市场调查的形式：问卷法、访谈法、跟踪法、数据

What 何事

How 何法

Why 何故

思考方法

When 何时

Who 何人

Where 何地

图1-34　5W1H设问法

统计与分析等。

（2）产品研究的形式：竞品分析法、检核表法、头脑风暴法、角色扮演法、剧本导引法等。

两种方法各有优势和不足，我们需要在不同的产品开发任务中，有针对性地选取其中的几种，加以组合利用，才能达到理想的效果。

二、CAID软件应用技能

CAID即计算机辅助工业设计（Computer-aided industrial design），是指在现代计算机技术和工业设计方法相结合的条件下，利用计算机硬件、应用软件等进行工业设计领域内的各种创造性活动的过程。

CAID技术涉及了包括CAD技术、人工智能、多媒体、虚拟现实、人机工程、敏捷制造、模糊技术等众多门类的信息技术在内，是一门新兴的综合性学科。

与传统的工业设计方法相比，CAID在设计方法、过程、质量和效率等各方面都发生了巨大的变化。在信息化的大潮中，如何在设计过程中更好地使用数字化工具，如何能更有效地利用计算机技术促进设计与创新，推动工业设计及其方法、手段、效率效果的不断提升和变革，已经成为当前设计界关注和研究的重要课题之一。

1. 关于CAID的认知误区

虽然CAID的应用已十分普及，但目前很多教育研究机构的教学和设计活动中，依然存在不少对CAID的认知和理解的错误。

首先，CAID被简单等同于计算机辅助绘图。计算机软件的绘图和表现功能更为表象和常用，但忽略CAID在创新思维方面对设计思路的帮助和程序化的支持也是不对的。如果只是用来画图，这必然使得其真正的价值不能得以体现。

其次，很多人沉迷于CAID软件强大的建模和计算功能，反而忽略了其作为设计的技术手段的本质，错误地将这种技术手段的进步当成设计品质的提升。这就造成过于注重技术与表现，而忽视设计创新本质的现象，无疑是舍本逐末的。

最后，还有相当一部分用户比较注重CAID技术在视觉、形态等方面的表现能力；而忽视CAID与后续的结构工程、功能设计、加工制造（CAM）等阶段的衔接功能，造成设计创意成为空中楼阁，产品的实际落地实施的能力不足，换言之，即造成了前期创意构思与后期的生产制造之间的实际割裂。

随着CAD技术的发展，CAID和数控加工、快速成型、模型制作、模具生产等领域的联系变得非常密切。

借助CAID系统和软件进行综合设计，已成为当今工业设计的流行方式。因此，计算机辅助工业设计将向着专业化和综合化方向发展，当前已经出现了CAD/CAM一体化的趋势。

2. CAID领域的主要内容

CAID主要包括数字化建模、数字化装配、数字化评价、数字化制造以及数字化信息交换等方面内容。

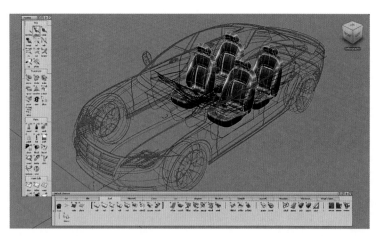

图1-35　数字化建模

数字化建模（图1-35）：由编程者预先设置一些几何图形模块，然后设计者在造型建模时可以直接使用，通过改变一个几何图形的相关尺寸参数可以产生其他几何图形，任设计者发挥创造力。

数字化装配：在所有零件建模完成后，可以在设计平台上实现预装配，可以获得有关可靠性、可维护性、技术指标、工艺性等方面的反馈信息，便于及时修改。

数字化评价：该系统中集中体现工业设计特征的部分，它将各种美学原则、风格特征、人机关系等描述性的标准通过数学建模进行量化，使工业设计的知识体系对设计过程的指导具有可操作性。例如，针对效果图或实体模型，可以进行机构仿真、外形、色彩、材质、工艺等方面的分析评价，更为直观实用。

数字化制造：在数字化工厂中完成，它能自动生成自动识别加工特征、工艺计划、自动生成CNC刀具轨迹，并能定义、预测、测量、分析制造公差等。

数字化信息交换基于网络，使该设计平台能够实现与其他平台的信息资源共享等。

3. CAID设计软件

首先，设计师利用各种有用信息，在软件里利用各类工具，创造各种具备真实感的造型设计、形态设计、色彩设计、材质设计和人机设计等视觉内容。

其次，在软件系统中还可以模拟实现数字化装配；模拟加工和生产过程中的各类分析。

再次，将方案输出到加工设备，加工出产品、投放到市场。

最后，将从生产加工和销售环节反馈的有关信息，反馈到CAID平台，实现再设计或设计改良与迭代。

CAID系统利用网络和其他平台的连接，使设计人员可以从一开始就考虑到产品全生命周期的设计、制作、使用等环节，减少不同环节之间的冲突，更加突出创造性。

当前，产业界应用广泛的大型CAD/CAM/CAE软件系统如Creo（Pro/E）、UG（Unigraphics NX）、CATIA、Autodesk、Solidworks等都提供了有关产品早期设计的系统模块，它们称为工业设计模块、概念设计模块或草图设计模块。此外，还有一类专注于形体创意或效果渲染的小型三维应用软件，例如，工业设计师常用的Rhino、KeyShot等。

三、实物模型的制作技能

数字化背景下，设计师是否还需要动手去制作实物模型的技能？这个问题恐怕对许多刚接触工业设计或产品设计领域的人而言，是个疑惑。

从社会和行业的现状来看，虚拟现实、数字仿真技术在很多领域的应用均取得了长足的发展，下一步会不会很快地替代产品设计之中的实物模型和样机的制作和验证环节呢？

1. 实物模型对于设计的作用

首先，实物模型对于设计师的作用。制作实物模型有助于设计师对于产品的形态、结构、尺寸、功能等方面的把控和检验——这本身就是设计师设计提升的过程。实物模型对于设计者而言，其作用不仅在视觉层面，还包括在尺寸、手感、触感、质感、人机工学等层面，需要通过接触才能够把控和衡量。尤其在当前的工业设计师学习和成长的过程中，使用计算机软件占据了大量的时间。在实物制作的训练时间已经被严重压缩的情况下，如果完全去除实物模型的制作、验证和反馈，未来的设计师们真可能沦为纸上谈兵。

其次，实物模型对于产品的作用。工业设计的作品最终要转化为大量生产的商品，才有意义。实物模型的有形因素，包括重量、材料、质感、密度、功能、结构等最终都将变成实际产品的一部分。通过实物模型加以制作、验证、评估、优化，是规避大批量、大投入风险的必要手段。任何成熟的产品设计和开发团队应该清醒地认识到它的价值。

2. 工业设计师常用的快速模型手段

手工模型：根据所使用的工具种类的不同，分为纯手工模型和半手工模型等。

3D打印：根据3D打印的材料、成型技术原理的不同，可分为不同的3D打印技术种类。例如，熔融沉积式（FDM）、选择性激光烧结（SLS）、分层实体制造（LOM）、立体平版印刷（SLA）等。

3. 工业设计师常用的模型材料与工具

在模型制作过程中，设计师通常会根据产品设计目标的不同，选择易于加工、成型的原材料。例如，设计一款自行车时，选择管状材料去制作车架的模型会更有效率；而设计家具产品时，大量选择板材可能更符合制作加工的要求。

模型制作中使用的材料包括多种，例如，在汽车、摩托车等交通工具设计中常见的油泥（图1-36）、在家电产品设计中使用的发泡和塑胶材料、电子产品外形设计常用的石膏、家具所使用的木材、金属等。

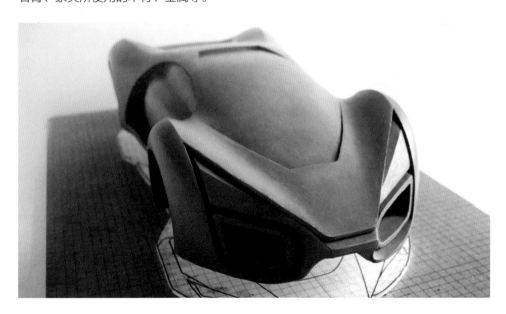

图1-36　油泥模型

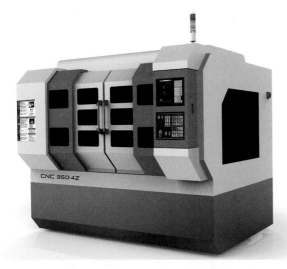

图1-37 CNC加工中心机床

常用来制作产品模型的工具，主要分为三类。

第一类是简单的手工工具，包括锯子、剪刀、美工刀、砂纸、锉刀、台钳、加热炉等。

第二类是各类加工机械设备，例如，精雕机、CNC加工中心机床（图1-37）、真空吸塑机、仿形铣床、翻模机等。

第三类是各类3D打印机。虽然各种3D打印的技术和材料不尽相同，但说到底，成型过程中快速省事，且不需要考虑形体的规则程度和复杂程度的优势，还是显而易见的。

4. 3D打印是否可以完全替代手工制作

这是一个伪命题，因为3D打印和手工制作各自承担的作用不同。

3D打印往往是在工业设计师已经完成了产品的三维数字模型，甚至已经完成结构设计的情况之下去使用的。这时，通过3D打印的技术快速地呈现产品的外观、形态和结构，并以此验证产品的尺寸、比例、装配以及大的形体体量感等。

而手工制作的模型常是在产品的三维数字模型尚未成形，甚至还只是处在早期的草图绘制、外形设计阶段产生的。通过手工快速模型的制作，可以达到快速验证想法的作用。

对于现代模型制作的工厂而言，手工模型、3D打印、CNC机械加工制作等不同的模型业务板块往往都包括了。出于对制作效率提升的考虑，将3D打印与必要的手工精细修饰加以结合，一方面提高了前期成型的效率，另一方面也可以弥补3D打印的精度不足或表面效果不佳的缺憾。

四、市场营销与策划

我们所处的时代，被很多人称为"创新2.0"时代。所谓"创新2.0"的最大特征，就是由过去创新的"单打独斗"模式（即"创新1.0"），转变为现在的"众创整合"模式。

尤其是在以各种高新科技加持下的产品创新设计领域，人们总是希望所开展的项目，是面向未来的成功创新——这种成功不仅仅是技术的可行性，也意味着市场认可或商业成功。因此，全面、系统地整合资源，客观、细致地考量影响因素，是"创新2.0"模式的必然要求。

产品设计的成功通常是商业成功的必要因素，而不是商业成功的充分条件。在产品开发团队中实施市场营销与策划，就是要构建一种基于跨学科、多领域、团队化、系统性的价值创新模式。

因此，一个致力于商业成功的产品设计项目就不仅需要考察产品本身，还要全面理解产品背后的一系列可用资源要素，具备比较系统的营销思维观念。

1. 营销与设计

对产品设计项目而言，从一开始就应该弄清楚"设计什么？""为谁而设计？""为什么这么设计？"等一系列问题。而回答这些问题，本质上要求明确的既是产品的问题，也

表1-1   "5W1H"设问表

5W1H	现状如何	为什么	能否改善	该怎么改善
对象（What）	生产什么	为什么生产这种产品或配件	是否可以生产别的	到底应该生产什么
目的（Why）	什么目的	为什么是这种目的	有别的目的	应该是什么目的
场所（Where）	在哪儿干	为什么在哪儿干	是否在别处干	应该在哪儿干
时间和程序（When）	何时干	为什么在那时干	能否其他时候干	应该什么时候干
作业员（Who）	谁来干	为什么那人干	是否由其他人干	应该由谁干
手段（How）	怎么干	为什么那么干	有无其他方法	应该怎么干

是营销的问题。

从获得商业成功的最终目的出发，设计和营销就是分不开的一体两面。在实际设计中，往往可以首先通过类似"5W1H"（表1-1）的设问表来回答一系列营销目标和手段问题。而回答这些问题的目的，就是要客观上明确了产品设计的定位问题。从产品（或商品）系统营销的高度来设定产品设计的目标与定位，正是现代设计的核心理念之一！

2. 品牌与营销

人们心目中的品牌，实际上是消费者对某产品及其所代表的一系列价值的认知程度。品牌的本质，是品牌拥有者利用他的产品、服务或其他优于竞争对手的优势，为目标受众带去同等或高于竞争对手的价值。品牌蕴含的价值，既包括功能性利益，也包括情感性利益。

品牌形象的达成，不是一蹴而就的；相反，需要经历相对漫长的品牌构建过程。因此，为了达到或维护既定的企业定位和价值目标，品牌设计的方向性就变得特别重要，且极具针对性。

这里所说的设计，不能仅仅理解为针对品牌形象所做的CI或VI设计，更应强调从产品设计、工业设计的角度，将品牌的生活观、价值观、社会责任等核心理念，融入每一件产品。

铸就企业品牌形象的最大功臣不是发布于各大媒体的宣传广告，而是广泛流通于市场、家庭或消费者身边的那些设计优良、品质过硬的产品。实际上，每一件好的产品本身，都是活广告。

在人们通常的观念中，"品牌"和"营销"是分属两个领域的概念。然而事实如何呢？其实，对于一个企业而言，品牌的成功才是最大的营销；或者说形成一个成功的品牌，才是营销的最高目标。

理解这一点并不困难，不妨考察一下你所了解的知名品牌——所有给你留下良好印象的品牌，它的特点、形象、产品、定位等，都是营销活动、营销人员希望通过各种营销推广所获得的终极目标。

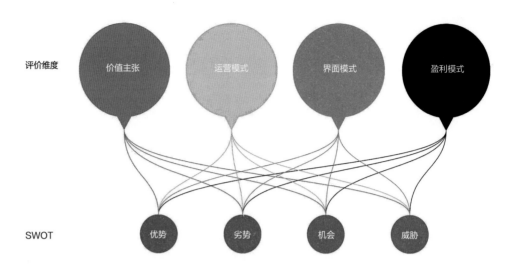

评价维度 价值主张 运营模式 界面模式 盈利模式

SWOT 优势 劣势 机会 威胁

图1-38 商业模式

3. 商业模式与设计

随着社会的信息化、分工的精细化、竞争的白热化，商业变得越来越复杂；商业模式的概念应运而生。商业模式（图1-38）的根本目的是通过一系列具有针对性的创新或变化，赋予产品、流程、服务等商业环节以一种他人所不具备的差异化竞争优势。

同时，工业设计的主要目的，也是为了获得这种针对性的产品、流程、服务的创新或变化，从而最终帮助企业获得商业成功。

我们考察得越仔细，越会发现商业模式几乎就是设计本身！

随堂练习

（1）列举工业设计史上的10款著名产品，并分别从设计、市场两个角度阐述其成功的主要原因。

（2）工业设计对绘图技法的要求与传统美术绘图的要求有哪些不同？目的有哪些差异？

（3）尝试用手绘图的形式，绘制10种不同造型的容器（有盖子的），并写下其主要用于盛放哪些种类的物品？为何要设计为这样的造型？

（4）尝试将工业设计分为数个阶段；并阐述设计各个阶段的结果对未来产品营销可能产生的影响。

（5）以小组（每组5人左右）为单位，制定调查方案，通过问卷、考察、访谈等各种形式，从职业设计师、设计专业老师、学长、制造业企业负责人等不同人士那获取工业设计的第一手信息，可以但不限于以下。

1）访谈职业设计师，调查其日常设计工作中的习惯、流程、技能、观念，以及他们认为专业学习中最重要的是什么？

2）考察产品卖场并与销售人员交流，调查某特定品类的工业产品购买者或使用者，关注该品类产品的主要功能与卖点。

3）实地考察制造类企业，并与企业负责人座谈，了解企业对设计人才的期望与需求；并进一步了解企业所处的产业链上下游及其分工情况。

第二章

认知产品

教学内容： 1. 产品的概念
2. 产品的外观、结构
3. 产品的功能原理与技术
教学目标： 1. 理解完整的产品概念
2. 理解产品外观、结构和功能的关系
3. 掌握产品零件、模块与整机的构造模式
授课方式： 多媒体教学，理论与设计案例相互结合讲解，设置课堂思考题
建议学时： 6学时

第一节　产品的外观层

一、产品的形态

近代西方工业设计的兴起，首先是从产品的外观形态革命开始的。克林根德在《艺术与工业革命》一书中写道："实际上，由工业先驱们所带来的审美观念上的革命，与他们在生产组织和技术方面所带来的革命一样深刻！"

产品形态中的形态一词包含了两层含义。一是形，通常指的是一个物体的外形或者形状。例如，我们将一个物体的形态归类为圆形、方形或者是三角形等。二是态，指的是蕴含在物体中的神态或者状态。因此，形态就是指物体的外形与神态的结合。事实上，各类物品各式产品都具备其自身的形态和视觉特征。产品的物理形态是由它的功能、材料、结构等基本要素组合而成的；但这些要素首先均必须表现为某种客观稳定的形态。

在当今的市场经济条件下，对于一款作为商品的产品而言，其形态的重要性已经无需进行过多阐述。一件缺乏现代审美意识或者并无多少文化内涵的产品，对于当前这样一个物质文明高度发达的社会而言，无疑是缺乏真正竞争力的。

破除产品的"同质化"竞争困境，通过设计来提升产品的附加值，并避免产品在激烈的市场竞争中陷入价格战已经是现代企业的共识。

在核心技术相差无几的情况下，不同品牌、不同款式的产品谁能够最终赢得消费者，在很大程度上取决于产品形态及其视觉素质的设计。这就是工业设计师通过形态设计创新（图2-1），体现产品差异化竞争力的方式。

工业设计史上的名言，有"功能决定形式"（或"形式追随功能"）（图2-2）最具代

图2-1　某企业黑胶唱片机的形态创新设计

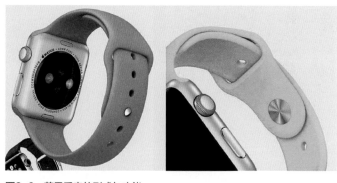

图2-2　苹果手表的形式与功能

表性。然而，另一项不容忽视的事实则是：没有任何功能可以脱离相应的形态而独自存在；反而形态本身却可以不附带任何功能价值。

所有产品的功能、框架、结构都必须通过一定的视觉形态去表达，即形态是产品的必要因素。利用产品特有的形态，向外界传达该产品的功能、价值、理念、思想、审美、趣味等，是产品形态的天然意义。

产品的形态，首先是产品视觉要素和功能的表达方式。人们对一件产品的认知，是先感受到风格，还是先看到色彩？是先注意功能特性，还是先体验文化意味？是先考察操作过程，还是先关注个性的外形？设计师有意识地通过形态设计，安排视觉中心和对功能的认知深度。

产品形态的概念范畴，不仅包括纯粹的视觉元素，如轮廓、外形、色彩、材质等；实际上也包括众多特殊的功能结构、功能形式等（图2-3）。

在产品形态的塑造与表达层面，设计师们还要深入自然界中，去研究各种自然形态的基本特征和普遍规律。人类的一切造物活动，都是源于自然的启发，并在后续的实际设计中灵活地、创造性地加以运用。

图2-4中的各种菌类，从形态的角度来观察显然差异很大，却又蕴含着某种关联。而这种关联，实际上就是由于人们透过其千差万别的表象，获取的共性的、相近的信息所导致。既然自然界生物的形态是信息的载体，那么作为人造物的产品而言更是如此。设计师们通常利用特有的造型语言——例如，形体的分割与组合、材质的对比与选择、结构的创新与运用等，进行产品的形态创作，并通过最终的形态，传递特定的设计意图。

通过形态的方法对产品功能进行表达，往往需要将复杂的功能概念简洁化；将繁杂的操作过程条理化；将冰冷的技术构成感性化；让叠加的构成内容层次化；令丰富的表达内容视觉化等。

工业设计师的产品形态塑造过程，往往既是一个考察、认知、学习的过程，又是一个逐步提炼、重构、创造的过程。

一款好的产品的形态设计，不仅仅能够正常地体现出一个产品的基本功能；还应该能够比较准确地传达出产品的功能、属性、使用方式等。因此，在产品的形态设计的过程中，设计师们往往会有意或无意地从符号、外形、色彩、风格等方面着手，去引导人们对产品的正确理解、操作和使用。而产品形态的这种能对功能属性指示或暗喻的特

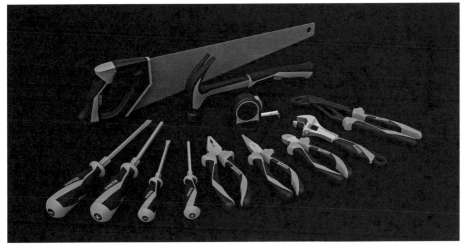

图2-3　工具的功能形态

图2-4　菌类的形态差异及关联

图2-5　产品用户年龄的形态"符号"

图2-6　产品部件功能的形态"语义"

质，我们称之为产品符号或语义（图2-5）。

通过产品符号与语义所传递出来的信息，可以提升产品的使用体验，减少不必要的误操作，或者可以有助于避免使用过程中的潜在麻烦与危险（图2-6）。

因此，实际产品的形态设计，往往要求形态元素具备一定的与使用者和周围环境之间进行信息沟通和传达的功能。这就是产品符号与语义——它既是一种信息传达方式，也是一种人机交互体验。

当前产品设计的发展，已经从过去以硬件实物为主，发展到了如今以软件UI界面、交互式体验为主的状态。这一趋势，既体现了当前产品设计强调沟通，强调对话的现实需求；也同样对产品符号和语义素质提出了更高的要求——小到一个图标，大到整体风格，都应该传递正确的信息，而不是误导用户。

二、产品的视角

透视是一种被广泛应用于绘画活动中的观察、研究、绘制视觉画面空间的方法，通过这种方法可以归纳出视觉空间的变化规律。

透视图上，因投影线不是互相平行集中于视点，所以显示物体的大小，并非真实的大小，有近大远小的特点。在透视图表现出的物体形状上，由于视线角度的因素，导致长方形或正方形常被绘制成不规则四边形，直角经常被绘成锐角或钝角，正方形的四边显示为不相等，圆形也常被显示为椭圆等情况。

1. 透视画法的分类

当视点、画面和物体的相对位置不同时，物体的透视将呈现不同程度的形变和状态；为了适应情况的变化，以便更好地表现物体的透视状态，人们创造了多种形式的透视图（图2-7）。这些透视图形式的不同，主要体现在各自的使用情况、各自所采用的作图方法的差别上。

在透视画法的习惯上，人们常按照透视图上灭点的多少来分类和命名；也可根据画面、视点和形体之间的空间关系来进行分类和命名。透视图常分为以下三类。

一点透视：物体只有一个方向垂直于画面，该方向上的所有轮廓线（或延长线）均在无穷远处消失，其消失点就是唯一的灭点；而在竖直和横向的两个方向，物体的轮廓线均平行于画面，没有灭点。这种画法为一点透视画法（图2-8）。一点透视在室内设计（图2-9）、环境设计领域应用较为广泛。

两点透视：物体只有铅垂方向的轮廓线平行于画面，而另外两组水平的轮廓线均与画面斜交，这样会得到左、右两个灭点，并且这两个灭点都处在视平线上。利用这种规则画出的透视，称为两点透视（图2-10）。

两点透视画法相对于一点透视而言，能更准确地反映客观世界的透视感。相对于三点透视或其他多点透视而言，画法更为简单。因此，两点透视的应用更加广泛，可应用于建筑或室内外环境设计领域；也可广泛应用于产品设计领域（图2-11）。

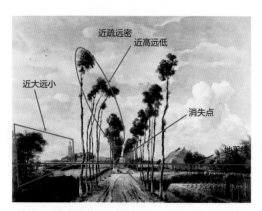

图2-7　透视应用于绘画作品中

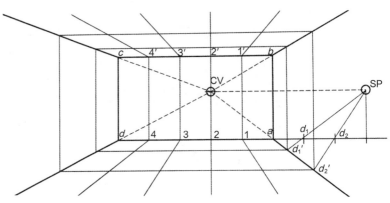

图2-8　一点透视示意图

图2-9　一点透视应用于室内设计

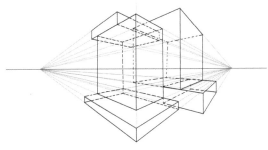

图2-10　两点透视示意图

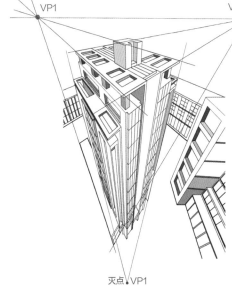

图2-11　两点透视应用于产品设计

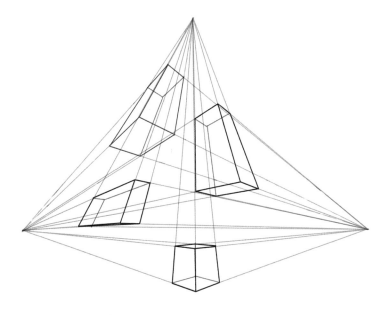

图2-12　三点透视示意图

图2-13　三点透视用于建筑等大尺度场景

三点透视：如果画面倾斜于基面，即画面与建筑物的三组主要方向的轮廓线都相交，于是画面上就会形成三个灭点。这时我们画出的透视图，称为三点透视，又称为"斜透视"（图2-12）。

如图2-13所示，由于三点透视及其以上的透视画法比较复杂，往往用于一些体量超大的设计领域，如建筑物、航母、大飞机等。

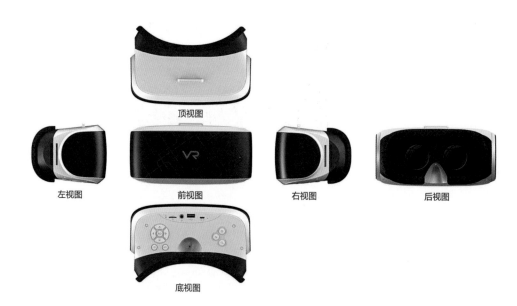

顶视图

左视图　　　　　前视图　　　　　右视图　　　　　后视图

图2-14　VR产品的六视图

底视图

图2-15　呈45°角的正交视图

2. 六视图与正交视图

产品的六视图，又称产品的六面视图（图2-14）。顾名思义，就是分别从产品的前、后、左、右、上、下的六个方向，去观察产品所得到的视觉图像，包括：前视图、后视图、左视图、右视图、俯视图、仰视图。

六视图当中的任何一个视图，实际都可以分为透视图和正交视图两种情况。

正交视图的意思就是指忽略透视所带来的形状的变化，保证尺寸比例准确，没有任何的变形（图2-15）。但是在现实世界中，人眼观察物品，都会产生近大远小的感觉。因此，所谓的正交视图并不存在于现实环境，而是一种人们为了绘图的便利和准确，所设定的理想绘图环境。

3. 六视图的应用

六视图经常用于以下两种情况。

第一种情况，是在产品设计的过程中，通过忽略透视变形的六视图（又称：正交视图），来确认产品的标准尺寸和准确比例。

第二种情况，是用于在新产品设计完成后，对其外观设计进行专利的申请、保护。

外观设计专利的申请，通常被要求提供产品的六视图。同时，还要提供一张以上的产品透视图。通过产品的六视图，并结合所提供的透视图，专利局才能准确地审核新产品的外观设计整体及其细节、特征；从而判断外观设计是否具备独创性。

三、产品的体量感、尺度与比例

1. 什么是产品的体量感

为什么有些建筑从照片里看来没有特别的感觉，但是当人们走近时，会感觉到巨大的冲击力？

为什么一些海报，看起来图文都很简单，仅仅因为改变了其尺寸，就获得了强大的吸引力而引人注目？

为什么有些产品（如高档汽车）远看并不出奇，而一旦走到跟前就能感觉到其气质贵重、气势非凡；然而同样类似产品，却让人感觉不到同样的气质？

实际上，上述现象都是源自物体体量及其尺度的差异。

体量又称体量感，是造型艺术里的一个概念，特指物体给观察者留下的关于该事物的大小、轻重、多少等方面的印象和感觉。日常生活中，在建筑、雕塑、平面艺术、汽车等工业产品中都能观测到体量感的存在（图2-16）。

图2-16　不同汽车的体量感差异

图2-17　产品及用户界面中体量感的应用

2. 如何突出产品的体量感

著名雕塑家亨利·摩尔认为，雕塑的体量感与表面简洁与否有关。所以，他的作品上会有意识地减少琐碎的细节，确保整体的简洁。

在产品及其用户界面的设计中，简洁的设计同样能够形成体量感。在界面和内容方面，减少背景信息的干扰，让前景信息少而突出。所以未必要填满所有空间，简洁和留白是能够形成体量感的（图2-17）。

尽管微软的Windows Phone整体上的产品及其商业设计不算成功（可能源于系统和生态设计的问题），但如果单纯只看其界面设计（图2-18）和相关内容的呈现，也是颇具视觉冲击力的。

可见，体量感是和事物的尺寸、比例存在着密不可分的联系的。

人类是视觉动物，体量感的差异实际上是一种视觉感受的差异，尤其是通过对比产生的一种视觉冲击力和落差感。

想要冲击用户的感官，利用体量感的其中一种做法是：排除干扰，将最重要的元素放大；同时，在大小、静态或动态、数量、疏密等方面营造出显著的差异。

由于用户同一时间能够抓住的信息是有限的，故与其让用户的注意力均匀分布，不如集中在一个上面，使其留下深刻的印象。一句话概括，就是要有选择性地把握内容的优先级，

图2-18　Windows Phone手机界面体量感的应用

图2-19 体量感在电影中的应用

突出强调高优先级的内容。

很多产品在宣传时，都非常注重展示图片视觉效果的设计，将产品的细节以夸张的形式呈现出来，既通过差异来吸引人，又通过细腻的视觉表现来让人感觉到舒服。

改变大小是常用的一种对比手法（其他还可以改变颜色、形状等），尤其是当使得其超过人们平时的认知，超出原本的期望非常大时，就可以引爆关注。

例如，在电影（图2-19）等艺术形式中，这种手法就很常见，也的确非常有效。

3. 总结关于营造和利用体量感的几点经验

（1）未必要填满所有空间，简约和留白也能够形成体量感。

（2）放大和突出关键元素，排除干扰。

（3）突出细节，主体明确，高清细腻。

（4）让结果超出人们的日常认知和期望。

第二节　产品的结构

一、产品的零件、模块与整机

零件（图2-20），是各种可以装配成机器、仪表以及各种设备的基本制件的统称。

通常，单个零件是无法向人们提供有效的使用功能或价值的；有实际功能或使用价值的产品往往是由多个不同的零件，根据特定的构造原理和方法组装而成的；因此，零件是构成一个产品或模块的最小单元，且无法从结构上继续划分。零件的种类很多，包括各种螺钉、螺帽、连轴（图2-21）、接头等。

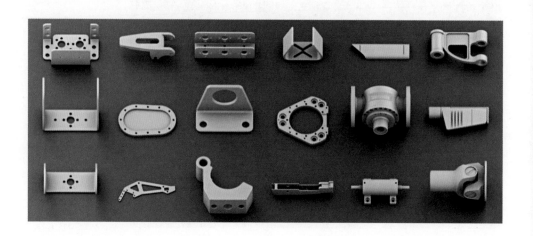

图2-20 零件

图2-21　螺丝、螺帽、连轴

1．零件的类型

零件按照其在产品或模块中所起的作用及其标准化程度，可分为以下类型。

一般零件：各种轴、盘、盖、叉、架、箱体等。

标准零件：包括螺钉、螺母、螺栓、螺柱、垫圈、轴承、铆钉，以及各类键、销等。

传动零件：胶带轮（图2-22）、齿轮齿条（图2-23）、蜗轮、蜗杆（图2-24）、链轮、丝杠（图2-25）等。

图2-22　胶带轮（同步带轮）

图2-23　齿轮齿条

图2-24　蜗轮、蜗杆

图2-25　丝杠

2．什么是模块

模块，又称功能部件。工业产品的模块或部件，是由多个零件按照一定的方式装配而成的功能或结构单元。模块作为一个设计术语，用在机械设计领域，是指结构上关系紧密的一系列零件组合而成的单元；而用在电子设计领域，则是指具备一种或数种功能的电子单元，例如，GPS模块（图2-26）、蓝牙模块（图2-27）等；如果用于软件设计领域，则指的是一段能够独立完成指令或回馈的代码串联单元。

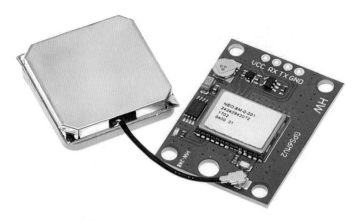

图2-26　GPS模块

图2-27　蓝牙模块

图2-28　电源模块

韦氏英文的词典中模块的第一条解释为"家具或建筑物里的一个可重复使用的标准单元";工业设计较多关注硬件产品的功能及其结构,故此处的模块特指由一系列零件根据特定的功能、位置和连接关系组合装配而成的,具备一定的内在秩序、外向接口的功能和结构组合。如图2-28电源模块:它既包含了内部的电路和IC器件等,也包括了外部用于连接其他电子电器功能模块的接口等。

3. 模块的划分

现代设计中,模块化设计逐渐成了一种广泛应用的共识。产品的模块划分,可以根据以下的一些不同的角度及标准。

(1)按照功能作用划分,例如可以分为传动模块、承重模块、供电模块、控制模块等。

(2)按照技术属性划分,例如可以分为外观模块、结构装配模块、电子电路模块、软件交互模块等。

(3)按照位置关系划分,例如分为外部模块、底部模块等。

(4)按照主次关系划分,例如可以分为主要功能模块、辅助功能模块、可选配功能模块等。

一堆零件的组合,之所以被称为模块,其关键并不在于零件的多少或大小,而是取决于这一堆零件相互之间关系的紧密程度,以及它们的组合是否有利于整体产品的实现。

4. 零件与模块的关系

零件要组装成模块,必须满足形状、结构和运动等方面的要求,具体为以下关系。

(1)零件应具有确定的几何形状。

(2)零件之间应具备准确的相对位置,或活动零件相对固定件而言,要有确定的相对运动关系。

(3)多个零件之间,要具备可靠的装配结合、功能关联关系。

零件在模块中所起的作用，往往通过其结构、形状和尺寸来实现。零件的形状、结构、尺寸和技术要求主要应该以模块的功能为依据，但也要考虑制造加工、使用、维修方便与否。

5. 模块的组装

零件要组装成模块，往往可以通过两种连接方式。

第一种是刚性连接方式。例如使用一些螺杆、螺孔等连接要素等；也可以使用一些连接件，例如螺栓、键、销、锚等。

还可以使用几何形状来协调，例如过盈配合等（图2-29）；除此之外，还可以采用焊接（图2-30）、粘接、铆接（图2-31）等方式。

第二种则是零件之间应该可以实现某种相对运动，因此须采用间隙配合。间隙配合是指相互配合的两个零件之间并非完全紧密地贴合，而是留出了必要的活动间隙。

铣刀头是专用铣床上面的一个部件，用于安装铣刀盘；装上铣刀盘可以用来铣削平面。图2-32中的铣刀头，总共由16个零件组成，工作时通过带轮4、轴7、件5、件13等传动件和连接件等机构，将电机的扭矩传送到铣刀盘上。由于传动、旋转的功能需求，各零件之间的配合则均可归类为间隙配合。

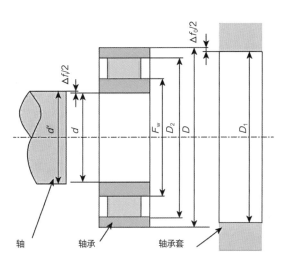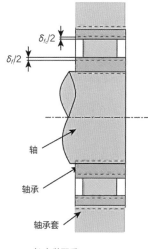

图2-29　过盈配合示意图　　　　　　　　　（a）装配前　　　　　　　　　（b）装配后

图2-30　焊接

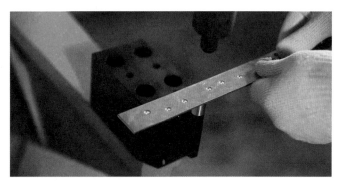

图2-31　气动压铆（铆接）

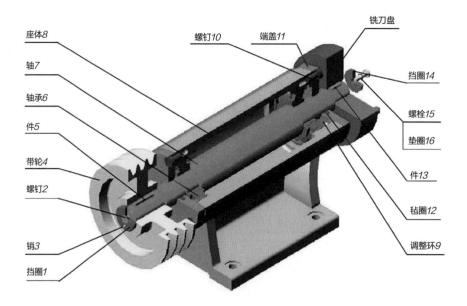

座体8
轴7
轴承6
件5
带轮4
螺钉2
销3
挡圈1

螺钉10　端盖11　铣刀盘
挡圈14
螺栓15
垫圈16
件13
毡圈12
调整环9

图2-32　铣刀头

二、产品的装配与结构

1. 产品装配的概念

产品往往都是由若干个零件、模块（部件）组成的。装配是指工人使用工具、器械按照规定的技术要求，将若干个零件组合成为模块化的部件，再将若干个零件、部件连接成完整的产品，并经过调试、检验确保其质量合格的过程。

产品的装配，始于装配流程的设计，并参照装配图纸实施。

装配的图纸多种多样，如图2-33所示的爆炸图，其主要作用是指示复杂产品中各零件、模块之间的相对位置等；还有类似图2-34这样的模块装配图纸，主要用于局部装配细节的记录和实施。产品的装配过程往往是多道工序的有序组合，为了提高效率往往需要装配流水线（图2-35）。

前者称为部件装配，装配的结果为模块（部件）；后者称为总装配，装配的结果是完整的产品。

完整的装配过程包括一系列流程，例如：装配、调整、检验和试验、涂装、包装等工序。

装配必须具备定位和夹紧两个基本条件。

（1）定位，就是确定零件正确位置的过程，往往需要夹具（图2-36）。

（2）夹紧，即将定位后的零件用紧固件加以固定（图2-37）。

2. 装配的方法

装配的方法是指为装配所制定的一系列关于产品及其部件、模块的装配顺序、装配

图2-33　装配爆炸图

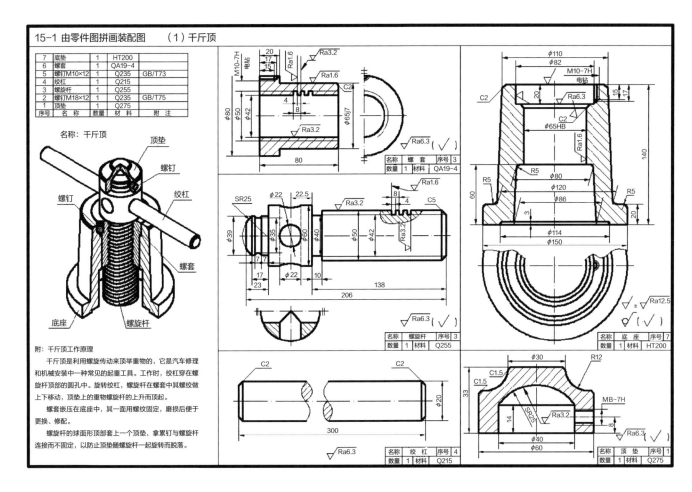

15-1 由零件图拼画装配图 （1）千斤顶

7	底垫	1	HT200	
6	螺套	1	QA19-4	
5	螺钉M10×12	1	Q235	GB/T73
4	绞杠	1	Q215	
3	螺旋杆	1	Q255	
2	螺钉M18×12	1	Q235	GB/T75
1	顶垫	1	Q275	
序号	名 称	数量	材料	附 注

名称：千斤顶

附：千斤顶工作原理

千斤顶是利用螺旋传动来顶举重物的，它是汽车修理和机械安装中一种常见的起重工具。工作时，绞杠穿在螺旋杆顶部的圆孔中。旋转绞杠，螺旋杆在螺套中其螺纹做上下移动，顶垫上的重物随螺旋杆的上升而顶起。

螺套嵌压在底座中，其一面用螺纹固定，磨损后便于更换、修配。

螺旋杆的球面形顶部套上一个顶垫，拿累钉与螺旋杆连接而不固定，以防止顶垫随螺旋杆一起旋转而脱落。

图2-34　装配图纸

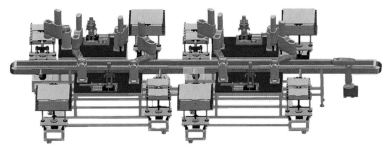

图2-35　装配流水线

图2-36　定位夹具

图2-37　各式各样的紧固件

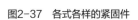

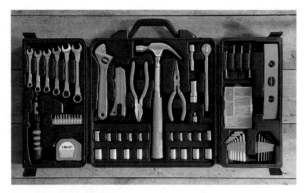

图2-38 手动装配工具

方式、技术要求、检验方法等；也包括装配所需的设备、工具（图2-38）、时间、定额等一系列技术文件和内容。

归纳起来，常见的装配方法有以下四种。

（1）互换装配法。

（2）分组装配法。

（3）修配法。

（4）调整法。

3. 装配工艺规程

装配工艺规程是规定产品或部件模块的装配工艺规范、操作方法、流程等的工艺文件，是制订装配计划和技术准备，指导装配工作和处理装配工作问题的重要依据。

工艺规程，对保证装配质量、提高装配效率、降低成本和减轻工人劳动强度等方面，都有积极的作用。

制定装配工艺规程的基本原则：合理安排装配顺序，尽量减少装配工作量，缩短装配周期，提高装配效率，保证装配线的产品质量等。

4. 装配与结构

为了保证产品或模块部件的装配质量，零件的结构设计除了考虑功能实现的要求外，还必须考虑装配体上结构的合理性，以保证产品和模块部件的性能，并给零件的加工、拆装、维护等带来方便。

（1）阶梯平面配合的合理性：当两阶梯平面配合接触时，在同一方向只能有一对接触面，以保证两零件的配合定位的准确性（图2-39）。

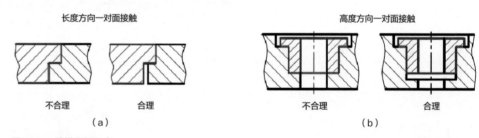

图2-39 阶梯平面配合

（2）孔和轴接触面的合理性：当孔和轴装配在一起，轴肩与孔的端面接触时，为了保证轴肩与孔端面的良好接触，在孔的接触端面应设计并加工出适当的倒角，或在轴肩根部设计并加工出槽，如果轴肩根部存在圆角，就不能保证轴肩与孔的端面紧密接触（图2-40）。

（3）圆柱面配合的合理性：当同轴回转结构组成的圆柱孔与同轴回转结构组成的轴配合时，在同一方向不应超过一对接触面，以保证两零件配合定位的准确性（图2-41）。

（4）圆锥面配合的合理性：当圆锥孔和圆锥配合时，以锥面确定轴向和径向定位，轴肩和孔的端面处不允许接触（轴向定位），以确保圆锥面定位的准确性（图2-42）。

5. 常见的装配结构

工程人员在长期的产品装配设计和实施过程中，形成了一些常见的装配结构与经验；设计师们只有充分遵循这些经验，才能使产品更好地满足产品功能和运转的要求。例如：

（1）限位滑槽：允许两零件之间在某一方向一定范围内活动，但锁死另外两个三维方向上的空间。

（2）定位孔、柱：常用于防止装配过程中的错位，并提升装配的便利性。

（3）旋转轴：主要用于存在旋转开合运动的结构定位中，例如门轴、旋转盖等。

（4）螺纹配合：如图2-43所示，为了螺栓、螺母、垫圈等连接件间的良好接触，在被连接件上加工出沉孔、凸台等结构。沉孔的尺寸可根据连接件的尺寸从机械设计手册中查取。

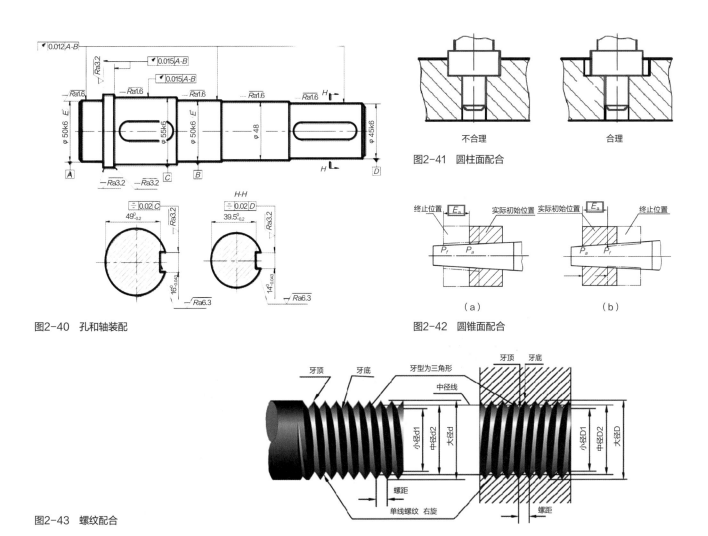

图2-41　圆柱面配合

图2-40　孔和轴装配

图2-42　圆锥面配合

图2-43　螺纹配合

悬臂式卡勾

圆环形卡勾

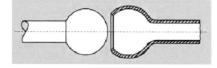
球形卡勾

图2-44 卡扣配合

（5）卡扣配合（图2-44）：在塑料件中常用，一般需要材料本身具备一定的弹性形变能力。

三、产品结构的类型

1. 产品的辅助性结构

产品的辅助性结构（图2-45），其实是相对于产品的功能性结构（图2-46）的概念而言的。

在产品的结构中，有一类的结构所起的作用是辅助性的，比如：常见的卡扣、加强筋、卡槽、出音孔、散热孔等结构。而此类结构，往往只是对产品的基本功能形成一个有益的补充和辅助，因此，我们称为产品的辅助性结构。

产品的辅助性结构形式还包括：串、顶、铆、钉、卡、嵌、支承等。

产品使用辅助性结构的目的是使得产品或部件、零件之间的位置相对固定或稳定。

所有只对产品或部件之间的相互位置产生固定作用的结构，我们统称为产品的辅助性结构。

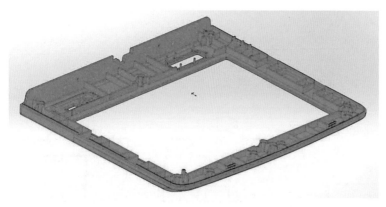

图2-45 产品的辅助性结构

2. 产品的功能性结构

还有一种结构区别于上述的产品辅助性结构，原因是它们实际承担了产品上独立的功能目标，例如热量的传导与散发（图2-47）、实际物质的位移运输、信息的发布与反馈等。

像这样实际承担了产品上物质、能量、信息的交换、接口或桥梁式功能的结构，我们将它们称之为产品的功能性结构，如图2-48中的滚珠丝杠、图2-49中的电机传动结构等，均属此类。

图2-46 手表的功能性结构

图2-47 一种起散热作用的功能性结构

图2-48　滚珠丝杠

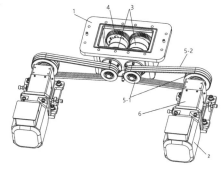

图2-49　电机传动结构

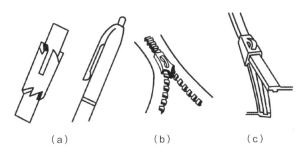

（a）　　　　　　（b）　　　　　　（c）

图2-50　圆珠笔"双动按钮"结构与两种不同的拉链

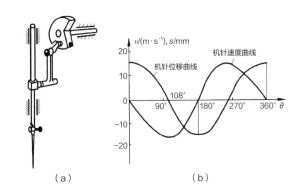

（a）　　　　　　　　　（b）

图2-51　缝纫机机头的"曲柄连杆式"引线机构

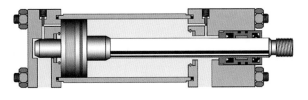

图2-52　一种液压缸体结构

以下列举一些巧妙地利用结构，完成相应的动作，并最终实现产品功能的案例。

如图2-50中（a）圆珠笔的"双动按钮"结构，图（b）（c）传统形式的拉链和新式拉链的两种不同的结构，都不失为一些巧妙的功能结构典型。

像这样的一种实现方式，是通过几何形体的有机组合，形成的新的产品结构与功能的方法，称作"几何形体组合法"。

如果要通过一系列结构来完成复杂的动作、功能，则往往需要在结构设计时通过有机组合基本结构的方法来实现。例如，缝纫机机头所采用的"曲柄连杆式"引线机构（图2-51），使得曲柄的等速旋转运动通过连杆的转换，变为针杆的近似正弦速度的规律性运动。

如图2-51所示，通过组合多个方向的结构和动作，以实现这样的一种复杂机械动作的，就是一种典型的功能性结构的表达方式，我们称之为基本结构组合法。

另一种我们称之为物理效应引入法，则是综合利用了物理技术和结构方式来实现产品的功能。

顾名思义，这种方法是要综合运用光、电、机、液、气等技术，去实现一些仅用纯机械结构方式难以实现的功能。常见的物理效应，包括机构运动学和力学方面的物理效应，还包括：热胀冷缩、液体效应（图2-52）、电磁效应、光电效应（图2-53）等，都可以引入其中作为功能结构的一部分。

例如，机械表是利用机械游丝的振动原理来实现它的基本动能的；而电子表和石英钟却是利用了石英晶片固有的压电效应的特性（图2-54）。具体实现方式是在使用晶片上的电极板上，加上交变频率与石英晶体固有频率相等的交流电场，从而产生的压电共振。用这样的石英晶体振荡器控制电磁板来代替机械游丝，从而创造出精度极高的电子表和石英钟。

这也是典型的利用物理效应引入法实现机械结构功能的例子。

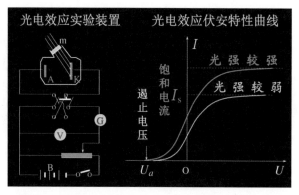

图2-53 光电效应

图2-54 压电效应的石英机芯

第三节 产品的功能与技术

一、产品的实用功能与附加值

一般来说,每一种被生产出来的产品都有它的价值。马克思认为"价值"是凝结在商品中无差别的人类劳动。而商品的价值,又可以分为提供主要功能的"实用价值"和依附于产品之中的"附加值"两种。

对于工业产品而言,其实用价值有时也被称为产品的"使用价值"——所指的主要是产品具备某些实际的功能;或者能作为工具为人们所使用;又或者能满足人们的某种需要等。

如图2-55中所示,一款产品可以从价值角度分为三个主要层次。位于核心层的,是用户所关心的核心利益,例如汽车能代步或长途旅行的核心功能;居于中间层的,是产品所呈现于用户面前的实际面貌,包括产品的设计、质量及其他特色内容;而处于最外层的,是一些与产品本体相互配套的内容,包括产品的交付、信用及售后服务等。

对于大部分的初级产品而言,它的功能就是它的使用价值,也是其之所以被发明并存在的主要缘由。

价值与使用价值,这两者的含义不同,体现的关系也不同。使用价值反映了人与自然的关系;而价值,体现商品生产者相互交换劳动的关系,也就是反映了人与社会或他人之间的关系。这两者在商品中的地位也不同:使用价值是一切有用物品的属性,因而是产品的自然属性;而价值是商品的特有属性,是作为被交换的商品的本质属性。这两者在商品中的作用也不同:使用价值的不同决定了商品是否需要被交换;而价值是商品交换的基础,决定了商品交换的比例。

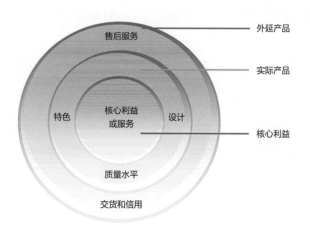

图2-55 产品的价值层

1. 产品的实用功能

如扳手等实用工具类的产品,其使用价值就是用来给使用者助力,从而能更轻松地对螺钉、螺母等零件安装拆

图2-56　实用工具

图2-57　具备实用功能的收音机

图2-58　皮革与皮衣

卸等。锤子或榔头（图2-56）的使用价值就是"捶"或"砸"，目的是利用冲击力来达到加固或破碎的目的。因此这类产品都属于初级产品，其使用价值都实际、单一，只有具体的使用场景下才能发挥它的作用。

在产品的使用价值范围内，有另一种说法——实用功能。

这两个概念看起来很接近，但其实两者之间也有区别。实用功能主要指在人们的操作下，产品能实施或完成某一段完整的、独立的功能任务。例如：收音机的实用功能，是可以帮助人们获取日常生活中的新闻、信息等。它发挥实际作用的内在机理相对复杂一些，跟榔头、扳手这样的工具类产品还是有明显区别的（图2-57）。

或者我们可以这样讲，使用价值是一个更大的价值评价范围，有实用功能的产品一定具备使用价值；但有使用价值的产品不一定有实用功能。

例如，垫圈这样的零件，在机械设备产品上是很常见，也是有使用价值的。但是如果要单独拿出一个垫圈来，去判断它有什么实用功能，就不好界定了。

还有，皮革很显然也是有它的使用价值的，例如可以用来做成衣物或家具。当被做成衣物之后，其就具备了实用功能，然而这时的产品也已经不再是皮革，而是皮衣了（图2-58）。

皮革被用来做成了皮衣，体现了它的使用价值。但是，如果仅仅来判断皮革有什么实用功能的话，是难以界定的。因此，我们认为使用价值是比实用功能更初级的一个价值概念。

借用哲学家维特根斯坦的话："工具的价值取决于人们如何使用它。"一把被用来闩门的铁锤，它的使用价值就是门闩，而不是锤子了。同样，被用来养植物的水杯，还是水杯吗？

2. 产品的附加值

随着社会的发展，人们生产的产品不仅具有实用功能，也逐渐发展出了一些非实用的价值，例如艺术价值、文化历史的价值等。我们将这类非实用的价值统称为附加值。

许多具备附加值的产品，它们的使用价值并不是很明显，相反它们却在潜移默化当中对人类的心理、情绪、素养造成了改变——其影响力甚至可能超过原本的实际功能。

以艺术价值为代表的产品附加值，其所对应于马斯洛的需求层次理论中的层级，是要高于产品的实用功能价值所处的层级的（图2-59）。

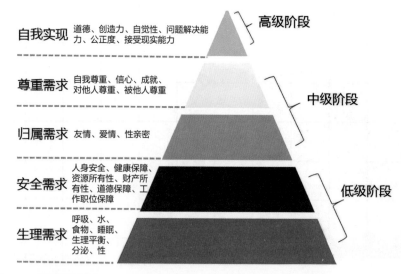

图2-59　马斯洛需求层次

3. 产品的综合价值

当今社会物质文明高度发达。随着生产力的进一步发展，人类将会被进一步地解放，获得更多的自由时间，从而去探索更多的未知领域，拥有更多的时间去自我实现。

未来产品的价值，会更多地体现在非实用功能或者那些看起来有点"不务正业"的方面。从历史进程和认知发展的角度来看，有些产品刚出现的时候，我们很难准确界定，人们更需要的是它的实用功能，还是其文化艺术等附加价值。

这种状态下，我们只能笼统地称之为产品的综合价值。

产品综合价值初步呈现时，往往尚未被主流群体所接受。但随着时间的推移、观念的改变，人们逐渐认知、体会到产品的这种价值，甚至因此改变了人们自身的生活、生产方式。

这时，产品的综合价值就逐步地产生了分化，一部分被界定为产品的实用功能；而另一部分，则可能被界定为某种附加值，而附加值需要人们有意识地去发掘的。

因此，产品的实用功能、艺术价值、综合价值之间不存在绝对的分界线，并且是可能相互转化的。

在人们的需求仅仅满足于初步的实用功能和使用价值时，设计是一种奢侈品。而在人们逐步追求更好的品质、更高的文化艺术价值、更多的综合价值的情况之下，设计就成了必需品。很显然，对于当今社会的大多数人而言，设计已经变得不可或缺了。

因此，发达国家往往形成了庞大的设计或相关的文化创意产业；设计产业的影响力越大，越是受到各国政府的重视，从而进一步促进了设计的价值发挥和产业进化。

二、产品的功能原理与应用转化

1. 什么是产品的功能原理

首先需要说明，我们这里所说的功能原理（图2-60）与物理学中的"功"与"能"的概念是不同的。在设计学科中，功能原理特指产品实现目标功能的内在运行机制。

从营销的角度，产品的功能定义是根据市场目标、用户需求、使用体验等多方面因素进行的针对性设计。而产品的功能原理，则是基于功能定义的需要，由设计师、工程师们通过设计、整合而成的底层逻辑。

从程序的先后的角度来看，自然是先有功能原理，然后才能通过设计与制作呈现出产品的功能。

例如，电话的功能原理就包括模拟电话和数字电话两种。模拟电话（图2-61），是以电信号模拟语声变化的一种通信方式；而数字电话（图2-62），则是在电话机内装有数/模、模/数转换器，通过数字流与电话网连接的通信方式。

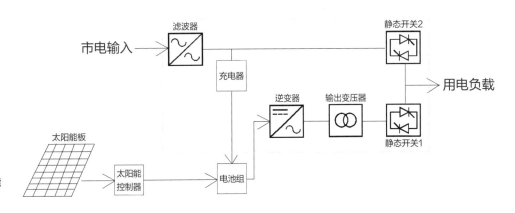

图2-60 一种太阳能产品的"功能原理"

图2-61 模拟电话

图2-62 数字电话

2. 产品的功能架构

一般情况下，产品或系统的总功能可分解为若干子功能；各子功能又可进一步分解为若干二级分功能；如此继续，直至各级功能被分解为最小的功能单元为止。

这种由多个子功能或功能单元按照产品的功能目标所遵循的逻辑关系，叫作功能架构。对于其结构形式，我们可以用图示、文字等来描述各部分的"子功能"或"功能单元"（图2-63）之间的相互关联或关系；这种图示，称之为功能架构图（图2-64）。

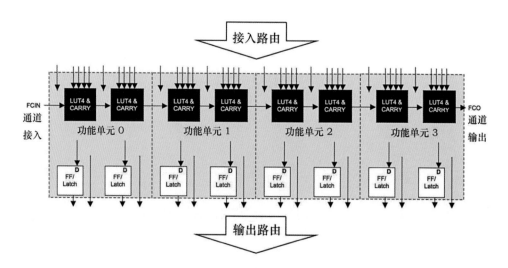

图2-63 某可编程功能单元示意图

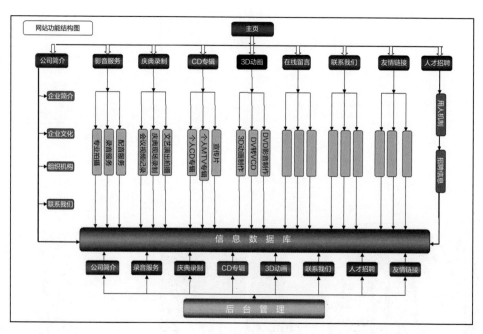

图2-64 某网站的功能架构图

3. 产品功能的实施程序

在产品的功能运行过程中，通过上一功能单元的机制激发下一功能单元的开启，这样的先后顺序就是产品功能的实施程序；产品功能的实施程序所决定的，是产品在功能实施过程当中的先后顺序。

尤其是当前的电子产品普遍互联网化、智能化，产品功能的实施程序往往通过软件将产品功能之间的内在逻辑、先后顺序、激发条件等固化在产品之中，从而实现了产品功能实施程序的稳定可靠。

一般来说，产品的功能顺利实施，都是建立在精确、合理的功能原理之上的。产品的功能可能复杂，也可能比较简单；但无论如何，其功能原理必须脉络清晰，逻辑稳定。

4. 产品功能原理的表现形式

研发设计人员一般用下述两种形式来表述产品的功能原理。第一种，以文字、图表的形式来进行呈现——称之为功能原理图（图2-65）或功能原理说明等。第二种，以实际的功能样机、功能样品的形式来进行表现称为功能样机（图2-66）、功能原型或功能手板等。

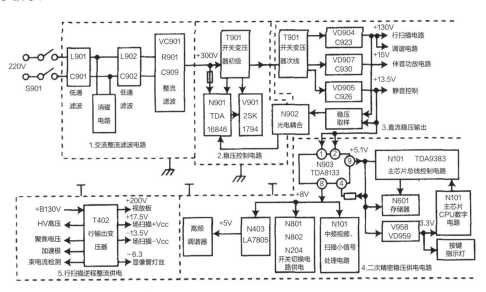

图2-65 功能原理图

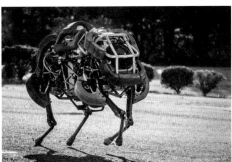

图2-66 功能样机

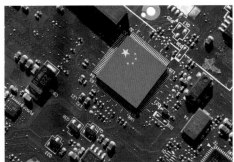

图2-67 突破芯片核心技术

关键技术是建立在基础理论之上的，结合实际技术或工艺路线条件下的，能支撑产品实现优越的技术效果的关键部分。所有完成这项关键技术所必需的思路、技术或工艺手段等，均属于该核心技术（图2-67）的一部分。

5. 科学技术与应用转化

科学技术及其成果的应用转化，是指为提高生产力水平而对科学研究、技术开发所产生的具有应用价值的成果进行的后续试验、开发、应用、推广等。这一系列活动的目标，是要形成新工艺、新材料、新产品、新产业、新商机。因此，科学技术成果，与符合市场规律的产品或商品之间，并不能直接画等号；前者能否转化为后者，往往是需要通过一系列的应用转化方法和程序才能达成的。

三、常见产品的功能原理

工业设计师虽然不直接从事产品各项具体功能研发的工作，必须对常见的产品功能及其实现方式足够熟悉。如果不具备这种工程学的知识前提，就无法做到从产品的底层需求逻辑角度出发，探讨并做出设计上的改变和创新。

常见产品的功能原理往往离不开对基础物理学的应用。除力学知识外，电学、热学、声学的产品应用也是非常高频的。相应的产品案例主要是各类电子、电器产品，以下列举一些具有代表性的产品。

1. 电、热转换产品

（1）电饭煲。电饭煲（锅）是一种常见的家用电器，主要应用了电热原理，其主要功能结构如图2-68所示。电饭煲的煮饭程序通常分为吸水、加热（煮饭）、保持沸腾、焖饭、再加热（二次加热）和保温等工序。

在吸水工序中，微电脑自动进行温度监视，当温度达到54°时断电暂停加热（吸水温度一般控制在60°以内）；当温度下降到45°时，电饭锅再次进入加热工序，并控制加热器工作使其加热升温到100°。在温度达到100°后，则需要稳定一段时间，以保持沸腾状态。一段时间后，米饭被煮透、锅底水分被蒸干，温度随即迅速上升到106°；这时停止加热，使电饭锅进入焖饭和保温状态。

图2-68 电饭煲及其内部解构

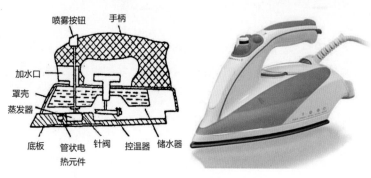

图2-69 电熨斗

（2）电熨斗。图2-69的左边是喷雾式电熨斗的结构示意图。热能由鼓式或片式加热元件产生。温度由调温旋钮控制，它调节的是控温元件（通常是双金属片）的起作用温度点。储水器中的水由喷雾按钮通过针阀来控制，以决定是否流向底板并从下部喷出。

电熨斗的电气绝缘要求（耐压性能）也是很典型的，这跟很多其他的日用电器的要求大致相同。主要技术指标是：在热态时能耐压（电压）1000V；在冷态时能耐压1500V，历时15min；在相对湿度的环境中放置48h后，其绝缘电阻应≥0.5MΩ，并且能成功承受1000V、15min的耐压试验。

（3）电烙铁。电烙铁也是一种典型的电热电器产品（图2-70）。设计中既包含有电热问题，又包含电路和安全防护问题。从结构示意图中可以看到，电阻丝式电热元件通常用云母片或陶瓷元件绝缘，引线一般穿入瓷套管中绝缘。

（4）微波炉。微波炉的基本结构由炉腔、微波能量发生器和功能控制模块等组成。炉腔部分为了满足烧烤功能的耐高温要求，对材质要求比较高；目前大多采用不锈钢板材，采用镀锌钢板喷涂耐高温涂料制作的炉腔（图2-71）。

总体来说，微波炉的"心脏"部分是磁控管元件，由其控制微波及其能量的发射。

微波是频率处于300MHz到300GHz（波长1m～1mm）间的电磁波。在微波辐射的作用下，被加热物质的极性分子在电场作用下剧烈地摆动，引起分子间相互摩擦、碰撞而发热。

微波加热的特点是：加热快、效率高、食物表里同时加热（实际上由于食物内部不易散热而温度更高）、加热功率大小控制也很方便。通常认为过量的微波对人体有害，因此微波炉的门材料和结构特殊，可防止微波泄漏。

（5）电冰箱。电冰箱的工作原理如图2-72所示，压缩机是冰箱的心脏，它可以将低压的气体通过加压转换成液体。其制冷回路由压缩机、蒸发器、节流阀（或毛细管）及冷凝器四大部件组成。蒸发器与冷凝器在结构上类似——都是盘管和增加热交换的其他设施（如冷凝片）的组合部件。

（6）空调。空调是夏季高频使用的家电产品，可分为窗式、分体壁挂式、分体柜式及中央控制空调系统等不同的种类，主要原理基本相同，但具体结构上有所不同。

图2-73所示为窗式空调器的结构示意图。空调的主要元件组成与冰箱大体相同——主要也是冷凝器、压缩机等。为了更好地适应空调的气体流动功能，需要设置风扇（在

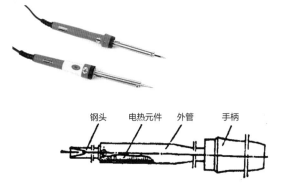

图2-70　电烙铁及其主要部件示意

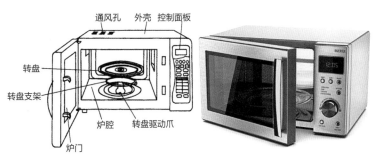

图2-71　微波炉及其主要功能结构

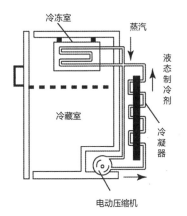
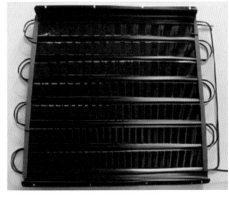

图2-72　电冰箱的结构原理与冷凝管、压缩机

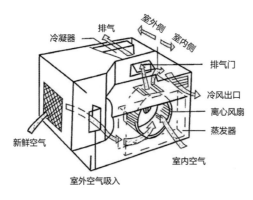

冷凝器　排气　室外侧　室内侧

排气门

冷风出口

离心风扇

蒸发器

新鲜空气

室内空气

室外空气吸入

图2-73　窗式空调外机

窗式空调器中，通常由同一台电动机带动）及相应的风道。分体式空调则为了减少室内噪声把冷凝器及其风扇、电动机移至户外，并通过管路与室内部分连接。中央空调系统则主要适用于建筑面积较大的建筑物及集中的建筑群。

2．电力驱动产品

（1）电扇。电扇家族中有多种款型，包括台扇、吊扇、落地扇、排风扇等；其实，厨房中的排油烟机也属于此类。

电扇的原理更加简单，主要组成部分有扇叶、机架（机体）、电动机、网罩及其他（如台扇的摆动机构、鸿运扇的导风圈旋转机构等）。

绝大部分电扇的电动机都是单相交流电容移相式的；其原因是为了适应调速的需要，通过有抽头的电感线圈可以对电扇进行调速。

（2）家用洗衣机。常见的家用洗衣机按洗涤方式的不同，可以分为三种基本类型：波轮式、滚筒式和搅拌式。

立式全自动套缸洗衣机是典型的波轮式洗衣机。在洗涤时，电动机通过带轮带动离合器内轴，使波轮实现正反向旋转；但由于离合器的外轴被制动，故脱水缸保持不转动。在脱水时，通过开关使牵引电磁铁吸引并打开排水阀，排出污水；同时，制动盘松开，内外轴因被拉簧拉紧而同时转动，并使脱水缸与洗涤缸一起单向高速转动。

搅拌式洗衣机的内桶与外桶处于同一中心线上，如图2-74右图所示，桶底中央有一个"山"字形翼状搅拌器。在洗涤和漂洗时搅拌器以180度来回摆动，衣物在桶内被搅拌，并与水流产生摩擦，从而达到洗净衣物的目的。

如图2-75所示的滚筒式洗衣机，在洗涤时衣物放在内筒中，进水电磁阀先打开，自来水通过洗涤剂盒连同洗涤剂一同冲进筒内，此过程可通过水位开关控制进水量。内筒在电机的带动下以每分钟约65转的转速有规律地正反向旋转。靠内筒举升筋的作用，将衣物举升到高出洗涤液面某一高度时，衣物在其自身重力的作用下自由跌落在洗涤液中。如此反复摩擦、摔打、浸泡，从而起到清洗的作用。

（3）吸尘器。吸尘器（图2-76）分多种不同的功能结构形态，其中常见的家用卧式袋式吸尘器，是利用电动机驱动轴向带动风机的旋转，从而驱使空气在机体内从右向左运动；由于在右侧袋部产生了真空吸力，吸力则通过管道将管道口的污物吸入机壳内，

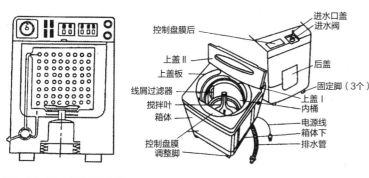

图2-74 洗衣机的结构分布

控制盘膜后
上盖Ⅱ
上盖板
线屑过滤器
搅拌叶
箱体
控制盘膜
调整脚

进水口盖
进水阀
后盖
固定脚（3个）
上盖Ⅰ
内桶
电源线
箱体下
排水管

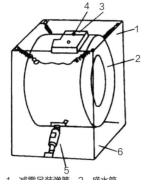

1. 减震吊装弹簧 2. 盛水筒
3. 上配重块
4. 配重块紧固螺母
5. 减振支承装置 6. 外箱体

图2-75 滚筒式洗衣机

清洁空气
脏空气
内风筒
外风筒
一次过滤
二次过滤
过滤后的空气
垃圾箱
风筒护罩

图2-76 吸尘器

图2-77 扬声器

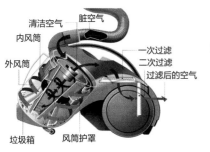

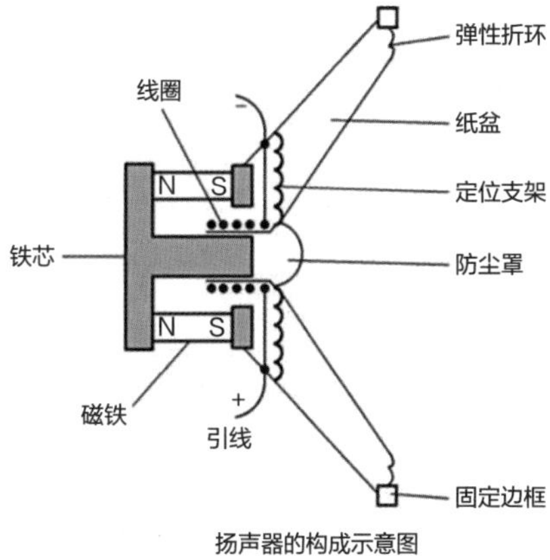

弹性折环
线圈
纸盆
定位支架
铁芯
防尘罩
磁铁
引线
固定边框

扬声器的构成示意图

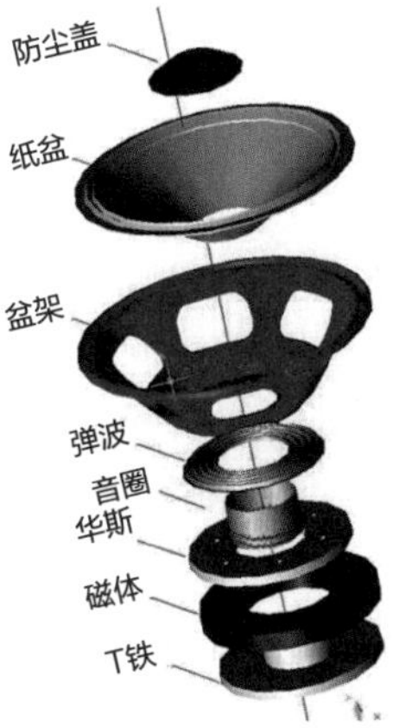

防尘盖
纸盆
盆架
弹波
音圈
华斯
磁体
T铁

图2-78 扬声器构成示意图

并经滤袋过滤留在污物袋内。

　　由于空气流经污物滤袋有很大的流动阻力，空气温度很高，而升温后的空气在排出机体外之前最后还要流经电动机周围。因此，吸尘器对电机的绝缘性要求较高。

　　（4）音响。音响的核心器件，就是扬声器，俗称"喇叭"（图2-77）。

　　扬声器分为内置扬声器和外置扬声器，而外置扬声器即一般所指的音箱。内置扬声器是指类似MP4播放器那样内置于产品内部的喇叭。耳机的发声音器件，也是典型的内置扬声器。

　　扬声器由纸盆、磁铁（外磁铁或内磁铁）、铁芯、线圈、支架、防尘罩等构成（图2-78）。

　　以电动式扬声器的工作原理为例，当处于磁场中的音圈（线圈）有音频电流通过时，就产生随音频电流变化的磁场；这一磁场和永久磁铁的磁场发生相互作用，使音圈沿着轴向振动，带动纸盆使周围大面积的空气发生相应的振动，从而将机械能转换为声能，发出悦耳的声音。

　　按换能机理和结构形式的差异，扬声器可分为动圈式（电动式）、电容式（静电式）、压电式（晶体或陶瓷）、电磁式（压簧式）、电离子式和气动式等不同种类的扬声器。其中，电动式扬声器具有电声性能好、结构牢固、成本低等优点，因而应用广泛。

随堂练习

　　（1）利用二维设计软件，绘制一款座椅产品的三视图。

　　（2）以小组为单位，选取一种废旧产品（消费电子、家电、自行车、钟表等）；对其进行拆解、安装练习；并通过拍摄视频记录拆与装的全过程。

　　（3）查找并分析传统手表的机械机芯，并阐述其时、分、秒之间的变速原理。

　　（4）理解并尝试阐述"产品"与"商品"对工业设计的不同要求。

第三章

图形与形体

教学内容： 1. 形式美法则
2. 二维图形图像基础与构成训练
3. 三维图形基础与构成训练

教学目标： 1. 理解形式美法则的基本理论
2. 在二维图形图像设计创作中应用形式美法则
3. 在三维图、立体构成设计创作中应用形式美法则

授课方式： 多媒体教学，理论与设计案例相互结合讲解，设置课堂思考题

建议学时： 4～6学时

第一节　形式美法则

一、形式美法则

　　一般来说，工业产品的美至少有两方面的显著特征：一是产品以其外在的优美、感性形式所呈现的形式美（图3-1）；二是产品以其内在结构的和谐、稳定、井然有序而呈现的技术美（图3-2）。

　　形式美法则是人们经过长期对现实生活中美的形式的观察、探索、总结而来。它体现了形式在构成美的事物的组合中存在的内在联系，是为人们所公认的规律。在产品的外观造型设计中，设计师可以有意识地遵循、应用这些规律；但也不能生搬硬套，而是要根据不同的对象、不同的条件灵活地加以运用。

图3-1　形式之美

图3-2　技术之美

总体来说，形式美可以从十个方面来探讨。

1. 比例与尺度

比例是指形体上各部分之间在大小、长短、高低、粗细等方面的比较关系，一般以比值体现。有一些特殊的比例关系，因为其特殊的美学及规律性，在生产生活中得以应用，并为大众所熟知，例如：

（1）黄金分割比。

黄金分割是指将某事物（例如一条线段）的整体尺寸一分为二，使得所划分出来的较大部分与整体部分的比值等于较小部分与较大部分的比值——其比值为（$\sqrt{5}-1$）：2，近似值为0.618（图3-3）——注意这里的符号"$\sqrt{}$"为数学中的"根号"。该比例被认为最能引起美感，故被称为黄金分割。

黄金分割比之所以能够普遍地引起人们的美感，并被赋予高度的美学价值，被认为是因为其具有严格的比例性、和谐性，几乎是艺术中最理想的比例。

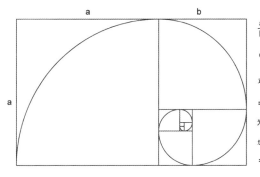

$$\frac{a}{b} = \frac{a+b}{a} \quad \text{假设} \frac{a}{b} \text{为} \varphi \text{，即：}$$

$$\varphi = 1 + \frac{1}{\varphi} \Rightarrow \left(\varphi - \frac{1}{2}\right)^2 = \frac{5}{4}$$

可以推导出黄金分割率 $\varphi = \dfrac{1+\sqrt{5}}{2}$

$=1.618033988749895\cdots\cdots$

为了方便，取黄金分割率为：**1.618**

也可以推导出 $\dfrac{b}{a}$ 即 $\dfrac{1}{\varphi} = \dfrac{\sqrt{5}-1}{2}$

$=0.618$

图3-3 黄金分割比值的算法

不少画家们发现，按0.618：1来设计的画面比例最为优美——这一点在达·芬奇的作品《维特鲁威人》（图3-4）、《蒙娜丽莎》（图3-5）和《最后的晚餐》（图3-6）等作品中都获得了验证。

（2）均方根比例。

如图3-7所示，均方根比例是指由 1：$\sqrt{2}$、1：$\sqrt{3}$ 等一系列比例形式所构成的系统

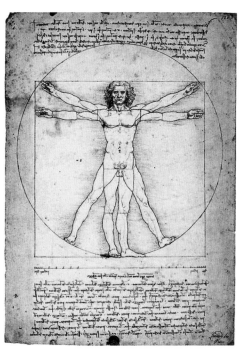

图3-4 维特鲁威人

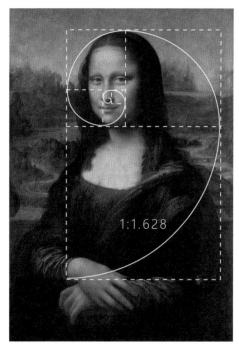

图3-5 蒙娜丽莎

图3-6 最后的晚餐

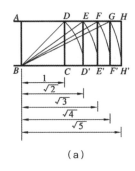

（a）

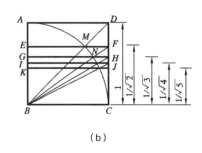

（b）

图3-7 均方根矩形的做法

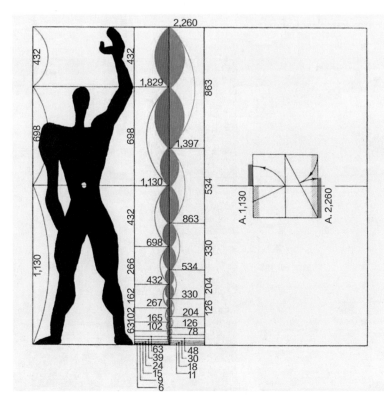

图3-8 人体模度比

比例关系。由均方根边比关系所构成的矩形称为均方根矩形。在现代工业产品造型设计中，$\sqrt{2}$、$\sqrt{3}$、$\sqrt{5}$三个特征矩形已被广泛采用，因为这几种比例关系比较符合人们的现代审美需要。

整数比例是均方根比例中的特例，如$1:2=1:\sqrt{4}$，$1:3=1:\sqrt{9}$。这种比例在现代产品造型设计中使用也很广泛；但大于$1:3$的比例一般较少采用。

（3）相加级数比例（又称：弗波纳齐级数）

相加级数比例的基本特征是：前两项之和等于第三项（如1，2，3，5，8，13，21…）。相邻两项之比为1：1.618的近似值，比例数字越大，相邻两项之比就越接近于黄金比。相加级数比例可以产生有秩序的和谐感，在现代设计中也常被采用。

弗波纳齐级数中有一种特殊的比例被称为"人体模度比"，分"红尺"和"蓝尺"（图3-8）。

第一套：183，113，70，43，27，17…称为"红尺"。

第二套：226，140，86，53，33，20…称为"蓝尺"。

2. 对称与均衡

对称法则的类型分为镜面对称、点对称、旋转对称三种。

镜面对称多见于现代工业产品的造型设计中——其中常用的是以铅垂线（面）为基准的

图3-9 左右对称

图3-10 上下对称

图3-11 均衡

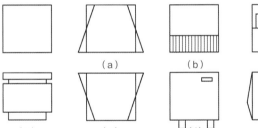
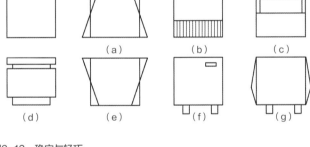

图3-12 稳定与轻巧

左右对称（图3-9），其次是以水平线（面）为基准的上下对称等（图3-10）。

对称造型在视觉上能产生一种统一、稳定的形式美，给人以严谨、庄重、威严的感觉。

均衡，是由对称形式发展而来，可以说是不对称形式的一种心理平衡模式。如图3-11所示，均衡的形式法则一般是以"等形不等量""等量不等形"和"不等量不等形"三种形式存在。

3. 稳定与轻巧

稳定：是指造型物上下之间的轻重关系。在造型中，表现为实际稳定和视觉稳定两种类型。

轻巧：也是指造型物上下之间的轻重关系，即在满足实际稳定的前提下，用艺术创造的方法，使造型物给人以轻盈、灵巧的美感。

稳定与轻巧是一个问题的两个方面，设计者应根据实际应用要求进行综合权衡，恰当处理。图3-12展示说明几种获得稳定与轻巧的视觉效果的基本方法。

4. 节奏与韵律

节奏是普遍存在的事物运动属性之一，是一种有规律的、周期性变化的运动形式。韵律被理解为是一种周期性的律动，伴随着有组织的变化或有规律的重复。

韵律是以节奏为骨干的，也是节奏的深化。如果说节奏主要是一种机械式的秩序美，那么韵律则是在节奏的基础上，融入更为丰富的变化之美（图3-13）。

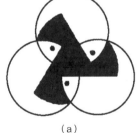
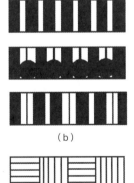

（a）

（b）

（c）

（d）

图3-13 节奏与韵律

（a）

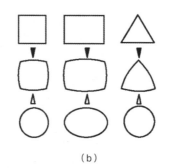

（b）

图3-14　调和与对比

5. 调和与对比

调和是指当两个或两个以上的构成要素之间存在较大差异时，通过利用其他的构成要素进行过渡、衔接等处理，从而达到给人以谐调、柔和、平衡等视觉感受。因此，调和往往强调共性、一致性、渐变等，避免过大的突变或落差感。

对比是为了突出同一类型构成要素之间的差异性，使构成要素之间呈现明显的特点和差异；通过各要素之间的相互映衬、烘托，给人以生动、活泼、变化的感觉。因此，对比强调变化、个性、差异感。

在设计中，调和与对比主要体现在线型（如曲直、粗细、长短）、形状（如大小、宽窄、凸凹、棱圆）、色彩（如浓淡、明暗、冷暖）、排列（如高低、疏密、虚实）等方面（图3-14）。

6. 统一与变化

形式美法则中的统一，是指同一种要素在同一物体中多次出现，或者在同一物体中不同的要素趋向或安置在某种要素之中；而变化指的是在同一物体或环境中，要素与要素之间存在着的差异性；或在同一物体或环境中，同类要素以一种变异的方法使之产生视觉上的差异感（图3-15）。

统一的作用是使形体有条理、趋于一致，从而有宁静、安定之感；而变化的作用则是使形体呈现动感，克服呆板、沉闷感，使形体生动、活泼和吸引力（图3-16）。

在造型设计中，无论是形体、线型还是色彩、装饰都要考虑到统一这个因素；尤其要避免不同形体、不同线型、不同色彩的等量配置，必须以一个为主，其余为辅——为主者体现统一性，为辅者起配合作用，体现出统一中的变化效果。简单地说，就是在设计中求大同、存小异，以获得美感。

图3-15　室内设计的统一与变化

图3-16　李可染：国画构图变化中求统一

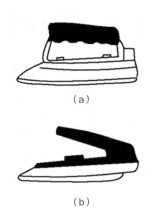

（a）

（b）

图3-17　主从与重点

（a）

（b）

（c）

图3-18　直接、圆角、斜面过渡

具体的方法，就是在统一中求变化，在变化中求统一。它不仅适用于产品设计，也同样适用于环境设计，例如一处庭院、一个房间的设计与布局。

7. 主从与重点

所谓"主"，即主体部位或主要功能部位。对设计来说，表现的重点部分就是"主"。一般来说，这部分是人们的观察中心或重点。而"从"则是指非主要的功能部位，是局部的、次要的部分。主从关系非常密切，没有"从"也就无所谓"主"。从哲学的角度，如果没有重点，就会显得平淡；如果没有一般，也难以强调和突出重点。主从关系在摄影创作中往往特别重要。

造型物的主从关系（图3-17），一般都根据使用功能的要求来确定。在造型中突出主体，并有意识地减弱次要部分，是最易求得整体统一的方法。

8. 过渡与呼应

过渡是指在造型物的两个不同的形式要素（形状、色彩等）之间，采用联系两者、逐渐演变的形式使它们之间相互谐调，从而达到相对和谐的视觉效果。过渡的基本形式可分为直接过渡和间接过渡两种；而间接过渡的方式还可以细分为多种，例如圆角过渡、斜面过渡等（图3-18）。

呼应是指造型物在某个方位上（上下、前后、左右）形、色、质的相互联系和位置的相互照应，使人在视觉印象上产生相互关联的和谐统一感（图3-19）。

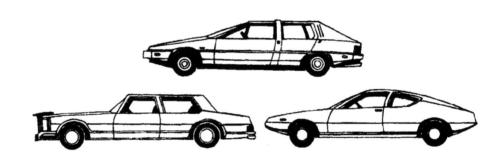

图3-19　汽车设计中的形式"呼应"

9. 比拟与联想

比拟可以理解为比喻和模拟，是指事物意象相互之间的折射、明喻、暗示和模仿。联想是由一种事物到另一种事物的思维推移与呼应。比拟是模式，而联想则是它的展开。

比拟与联想（图3-20）在造型设计中是十分常见的，可以说这是一种独具一格的造型处理手法。比拟与联想这一方法利用得好，能给人以美的感觉；但若处理不当，则会让人感觉俗套，甚至厌恶。

10. 简约与风格

在产品造型设计中，简约化、个性化的产品不仅符合时代审美要求，也适应现代工

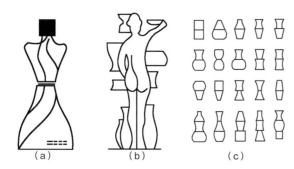

（a）　　　　　　（b）　　　　　　（c）

图3-20　比拟与联想

图3-21　博朗推崇的简约主义设计风格

业发展的要求。

产品造型中获得单纯和谐的主要方法就是削枝强干，即减少次要，突出重点（图3-21）。

风格是指产品造型所呈现的一种整体格调。这种格调是与其他的格调之间存在明显的区别——它是由造型物中那些个性鲜明的特点综合起来所形成的。

二、维度的概念

1. 什么是维度

维度（Dimension），又称为维数，是指数学中独立参数的数目。在物理学和哲学的领域内，维度是指独立的时空坐标的数目。

在几何学中，零维是一个无限小的点，没有长度；一维则是一条无限长的直线，只有长度，没有宽度；而二维形成一个平面，是由长和宽两个方向组成的面积和区域（图3-22）。

三维是在二维的基础上，增加高度方向所组成的。拥有三个维度的物体，拥有体积（图3-23）。

四维，通常分为时间维度和空间上的三维两类维度因素，人们通常所说的四维是指关于物体在时间线上的转移与变化（图3-24）。

由此进一步地推论，多个四维时空之间的联系、转换或运动，则会产生五维或更高维。

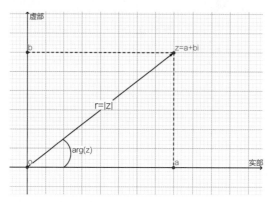

图3-22　二维坐标系

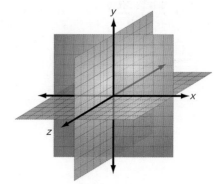

图3-23　三维坐标系

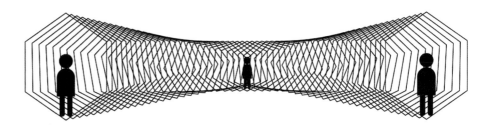

图3-24 过去、现在、未来

总结一下，可以这么描述。

一维是线，而且是理论直线；二维是面，且只能是平面；三维是立体或空间，只要在理论平面之外有物体，即会构成三维。但是，一维、二维、三维均只是存在于思维理论之中的变量——因为宇宙中的一切物质均基于四维时空，无法忽略时间维度的变化和发展。

但在目前实际的设计或应用中，五维、六维及更高维度的概念，还主要是被运用于物体定义、历史变化、宇宙辩证领域等理论或哲学层面。

2. 维度对设计的意义

维度对于设计的意义，主要取决于设计所要表达的内容和所用的表达方式。

设计是需要一定的表现空间的，零维和一维由于没有实际意义上的尺寸，因而对设计基本没有意义。

由于设计是一种主要针对视觉的创作领域，所以从二维开始，到三维、四维这个区间内，才是对设计真正有意义的维度区间。

例如，二维条件之下，诞生了平面设计、广告设计、插画艺术与绘画、装饰等一系列的创作领域（图3-25）；

而在三维条件之下，就诞生了产品、空间、环境、建筑等一系列的设计创作领域（图3-26）。

图3-25 二维艺术设计

图3-26 三维艺术与设计

图3-27　四维艺术与设计

　　进一步地说，在四维时空的前提条件之下，诞生了动画设计、影视艺术、交互设计等一系列的设计创作领域等（图3-27）。

　　事实上，我们所能真实感知的世界是四维的。

　　有人也许会不同意这种说法，理由是二维我们是可以感知的。

　　在真实世界当中是不存在绝对二维的。例如现实中的一幅画，我们的直觉认为这是二维的。但其实这幅画的笔墨、颜色、纸张、装裱等都是有第三个维度（厚度）及第四个维度（时间）的。因此，实际上这幅画依然是四维的——只不过人们有意或无意地忽略了二维平面之外的一些更容易被忽视的维度因素。

　　那么，说真实世界是三维的总没错吧？毕竟我们所感知到的世界都是立体的，看起来就是三维的。

　　然而，这一说法依然经不起认真的推敲。宏观世界时间流逝是一刻不停顿的——无论我们在观察的是一件二维的还是三维的作品，自始至终都没有脱离时间的影响。时间流逝本身就对所有事物都会产生影响，只是影响的程度看起来有大有小、有时未必显著而已。

　　这也是哲学上我们要强调辩证且发展地去看问题、分析问题和解决问题的原因。要充分尊重时间变化这一重要因素——只要有足够的时间，就足以解决或消除一切问题。

图3-28 平面构成中的点、线、面

图3-29 各种不同的"点"

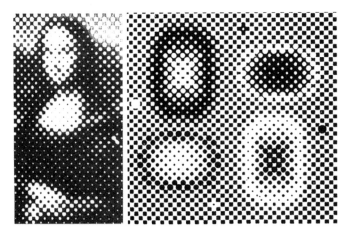

图3-30 点与面

图3-31 点的构成

第二节 认知二维与图形

一、图形的基本元素

1. 图形的三大要素

在现实世界中,各色各样的形态不胜枚举。当形态以平面图的方式表达于二维媒介之上时,如果忽略其色彩要素,这个形态就表现为某种或复杂或简单的图形。并且,无论这些图形的来源是具象、抽象,或是自然、人工,都离不开点、线、面这三类基本形态。

点、线、面,在平面构成中被称为三大要素,也是图形的三大要素。这三大要素看似简单,但却是现代设计中必不可少的基础形式(图3-28)。

平时我们能感知到的点,与几何学意义上的点有很大的差别;几何学中的点是只有位置,没有大小的。但是在平面构成中,点既有位置,也有大小(面积),甚至还有形状(图3-29)。

同样,按照几何学的定义,线具有位置和长度,但不具有宽度。而在构成设计中的线形,不仅有位置和长度,还具有宽度,甚至厚度。同时,还可以通过不同的粗细、空间、方向的变化,形成多种装饰性的线型。

几何学意义上的面,是由线的移动所产生的,它具有宽度但没有厚度。

不同长度、不同方向、不同距离的线的移动,可以形成多种不同形状的面。

在平面构成中,点与面之间也可以跨越线这一层,直接形成构成关系(图3-30)。

2. 点的构成形式(图3-31)

(1)不同大小、疏密的混合排列,可以形成一种散点式的构成形式。

(2)将大小一致的点按一定的方向进行排列,给人留下一种由点的移动而产生线的感觉。

(3)点的大小按一定的轨迹、方向进行变化和排列,可以产生一种优美的韵律感。

(4)把点以大小不同的形式,既密集、又分散地进行有目的的排列,可以产生"面化"的感觉。

(5)将大小一致的点以相对的方向,逐渐重合,可以产生微妙的动态视觉。

图3-32 线构成的空间、虚实变化

图3-33 面化的线

3. 线的构成形式

（1）线的粗细、虚实变化，可以产生立体化、空间化的视觉效果（图3-32）。

（2）等距的密集排列的线，可以产生"面化"的视觉效果（图3-33）。

（3）不同距离疏密变化的排列线，形成透视空间的视觉效果。

（4）将原来排列规范的线条作一些切换变化，可以形成视错觉的线。

（5）不规则的线，可以形成人们意料之外的视觉效果。

4. 不同的面及其构成

（1）几何形态的面，表现出规则、平稳、较为理性的视觉效果。

（2）大自然中外形不同的物体表面，给人以生动、敦实、轻柔、强硬的视觉效果。

（3）徒手的偶然形成的面，自由、活泼而富有哲理性。

（4）人造的有机曲面，呈现较为理性、科学的人文特点（图3-34）。

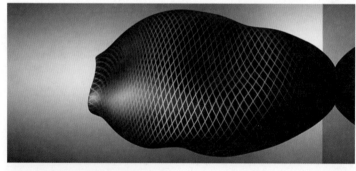

图3-34 人造有机曲面

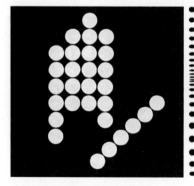

图3-35 点线面之间的相互变化

5. 点、线、面之间的相互变化

多个点的相互靠近，可以形成线的感觉。通过点在一定方向上有规律地排列，给人留下一种由点的移动而产生的动态的视觉感受；当这种动态进一步转变为连续之后，线就产生了。

数量较多的点聚集一处，如果这些点的排列呈现多排多列的效果，则又会产生面；这时，如果将点大小或疏密进行变化，还可以带来立体的感觉。

如果将线大量密集地使用，会形成面的感觉。相应地，使用曲线可能会造成曲面之感；使用倾斜的直线，则可能会造成斜面之感。因此，线的方向、疏密、曲直的改变均可以形成视觉曲面感（图3-35）。

二、二维平面构成与创意

在二维平面上，按照形式美法则进行图形及其构成的变化，经过合理编排和组合达到视觉传达目标的创作过程叫平面构成。它是以感性与理性相结合，来排列形象、研究形象、创造形象的有效方法。

平面构成的主要形式有下面几种。

（1）重复：以一个基本形态为主体，在基本格式内重复排列。排列时可作方向、位置等变化，具有很强的形式美感（图3-36）。

这种构成中，组成骨骼的水平线和垂直线都必须是相等比例的重复组成，骨骼线可以有方向和阔窄等变动，但亦必须是等比例的重复。基本形可以在骨骼内部重复排列，也可有方向、位置的变动。

（2）近似：通过有相似之处的形体之间的排列组合构成平面图像，寓变化于统一之中是近似构成的主要特征；在平面设计中，一般通过对基本形的相加、相减、正负形等方式来获得变化（图3-37）。

（3）渐变：把基本形体进行渐次变化的排列而构成的形式，主要分为形状的渐变（图3-38）、大小的渐变、方向的渐变、疏密的渐变、虚实的渐变、色彩的渐变（图3-39）等。

（4）发射：以一点或多点为中心，向周围呈发射、扩散等视觉效果，具有较强的动感、节奏感（图3-40）。

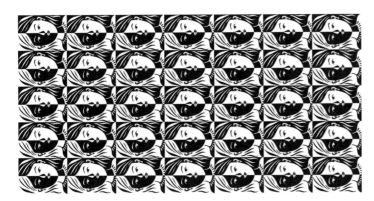

图3-36 重复

图3-37 近似

图3-38 形状的渐变

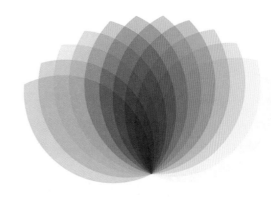

图3-39 色彩的渐变

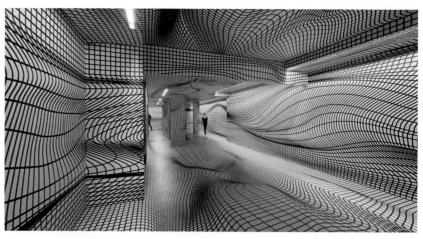

图3-40　发射构成　　　　　　　　　　　　　图3-41　视错觉空间

　　此类的平面构成，是骨骼线和基本形利用离心、向心、同心等多种发射形式相叠而成的。其中，骨骼线可以不纳入基本形而单独组成发射构成；呈发射状排列的基本形也可以不依赖骨骼而自行组成较大单元的发射构成；此外，还可以在发射骨骼中依一定规律相间填色而组成发射构成。

　　（5）空间：利用视点、灭点、视平线等透视学原理中的要素，在平面上求得形态的空间感。

　　归纳起来，是遵循透视法中近大远小、近实远虚等基本关系来进行表现；如果要形成视错觉空间（图3-41），则需要利用不同空间构成之间的矛盾关系。

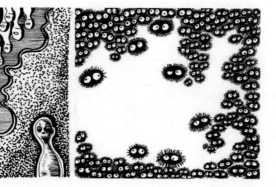

图3-42　密集

　　（6）密集：一种比较自由的构成形式，包括预置形与无定形两种密集形式（图3-42）。

　　预置形密集是指依靠在画面上预先安置的骨骼线或中心点等，来组织基本形的密集或扩散方式；即以相当多数量的基本形在某处密集起来，而又从密集处往外逐渐散开来。无定形密集——不预置点与线，而是靠画面的均衡，即通过密集基本形与空间、虚实等产生的轻度对比来进行构成。

　　（7）特异：在一种规律性较为明显的形态中插入局部的变异，以突破原本较为规范、单调的构成形式。

　　特异构成的要素包括形状、大小、位置、方向及色彩等；特异构成中，局部变化的比例不能过大，否则会影响整体与局部变化的对比效果（图3-43）。

　　（8）肌理：凭借视觉即可分辨的物体表面之纹理，称为肌理。

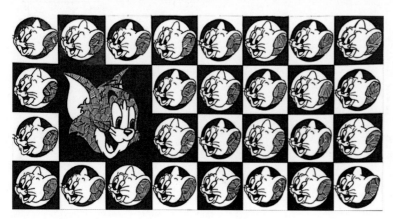

图3-43　特异

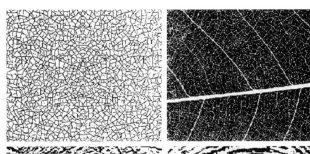

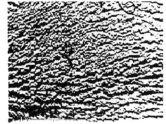

图3-44 肌理

以肌理为主要构成要素设计，可称为肌理构成。肌理构成的创作常常利用照相制版的技术，也可用描绘、喷洒、熏炙、擦刮、拼贴、渍染、印拓等等多种手段获得（图3-44）。

说到底，平面构成主要还是运用点、线、面各自的变化，配以形式多样的组合、律动等法则，从而组成的结构严谨、形式抽象和富有美感的平面设计作品。与其他的具象表现形式相比，平面构成更具应用层面的广泛性。在实际设计运用中，平面构成是必须学会运用的视觉艺术语言，也是进行视觉艺术创造、了解造型观念、训练各种构成技巧和表现方法的基本手段。同时，平面构成的练习在培养审美观、提高美的修养和感觉，养成活跃的构思和造型创作能力方面具有独特作用。

三、平面图形创意

平面构成一方面依赖不同的构成形式和法则，另一方面又离不开图形创意。

图形创意是构成平面设计作品创意最重要的部分，它既是一种平面元素，也是一种面向应用的细分领域。所谓图形创意，就是在视觉传达中寻求的独创性的意念、构想等。图形创意是图形设计的核心，它以传播信息为根本原则（图3-45），以创造性思维为先导，寻求独特、新颖的意念表达方式和表现形式。图形创意对于所要传递或说明的信息必须以独特且清晰的方式加以阐释；以独具匠心且新颖的视觉形象、画面引发人们的关注和兴趣，并促使观者留下深刻的印象，并高效地接收信息。

图3-45 一幅环保主题的图形创意

尤其是在当今的网络世界，大量的信息每天充斥人们的大脑。图形创意的根本价值就是通过独特的视觉效果，让特定信息从海量的"信息堆"中得以脱颖而出，进而达到充分传达！

图3-46 图形创意应用于广告设计

在设计教育领域，图形创意既可以作为平面构成板块中的一个可以单独训练的项目；同时，也是实际平面设计项目中，最有创意价值潜力的板块。比如，在广告设计（图3-46）、包装设计（图3-47）、书籍装帧设计、标志设计等这些应用设计的领域，图形创意就能大展身手。

图3-47 图形创意应用于包装设计

第三节 空间与立体构成训练

一、三维立体与空间

1. 三维的概念

三维所指的实际上是三个方向的坐标轴，即x、y、z三轴；其中x代表左右，y代表上下，z代表上下前后（图3-48）。三维空间（英文3-dimensional，简称3D），是指在平面二维系中又加入了一个方向的向量构成的空间系。在实际的应用中，人们一般在x轴上表示左右运动，在y轴上形容上下运动，而在z轴上表示上下的运动——综合起来就形成了人们的视觉立体感。

2. 立体图形

立体图形（图3-49）是指图形的各部分并不完全处于同一平面之内的几何图形，英文称为solid figure。常见的立体图形往往由多个面围成，这些面可能是平面，也可能是曲面。

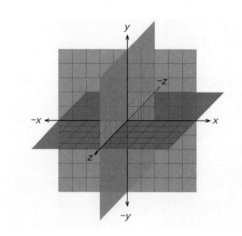

图3-48 三维坐标

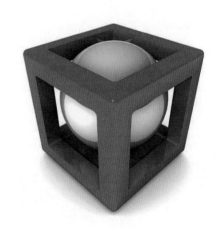

图3-49 立体图形

点动成线，线动成面，面动成体（图3-50）。可见，体是由一个或多个面围成——例如，长方体或正方体就是由六个平面围成的立体图形。然而从视觉角度，一位观察者同时最多只能观测的长方体的三个面。

这里需要强调，构成立体图形的所有元素不能全都处于同一平面上，否则就是二维平面图形了。

立体图形，是对现实物体认知上的一种抽象，即把现实的物体在只考虑其形状和大小，而忽略其他因素的条件下表现出来。立体图形的衡量与表达，需要利用三维手段。这是源于三维的几个主要特点：

（1）通过x、y、z三个坐标轴对空间关系进行划分，可以明显降低其复杂性；

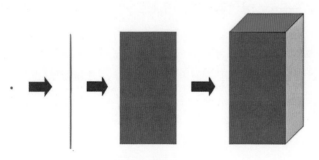

图3-50 点、线、面、体的构成关系

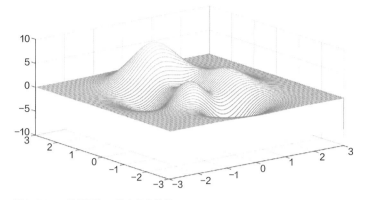

图3-51　二维平面与三维空间的转换

（2）通过x、y、z三个坐标轴，可以更真实地表达客观世界；

（3）通过三维手段对空间进行分析和操作，可以更为精确。

3. 二维平面与三维空间

三维空间，日常生活中可指由长、宽、高三个维度所构成的空间，是我们可以看得见、感受到的空间感。三维空间呈立体性，具有三向性，由三向无限延伸而确立。

三维空间直接反映直观思维对外界物体的形状、大小、远近、深度、方向等特性的把握。

三维的空间范围内能够容纳二维。三维空间的长、宽、高三条轴是说明在三维空间中的物体相对原点的距离关系。我们可以形象地将三维空间看成这样一个过程。

（1）将一些橡皮绳按经纬线的样式编成一张网，将之张平，我们可以将之近似看作是二维平面；

（2）然后在网上施加向上或向下的压力，使之凹陷或凸起，这就形成了三维空间（图3-51）。

4. 空间感立体感的训练

在日常的学习中进行针对性的训练，对于获得较强的空间感是有帮助的。例如图3-52中所示，两个正方体可以拼合成一个长方体；一个圆柱体可以拆成两个圆柱体；而在某些视角看起来，圆柱也显示为一个矩形等。利用一些不同的几何体，观察并加深对不同形状和特点的认知理解；也可以通过不同立体形状的组合、拆分、分割、拼装等体会各种几何体之间的变换关系，加强对空间感和立体造型的理解能力。

二、基本几何体的三维生成

1. 几何体的概念

几何是一个数学概念，当我们只研究一个物体的形状、大小、尺寸，而不关注它的其他性质（如颜色、重量、硬度、质感等），且这些物体的形体与尺寸可以用数学方式精确表达时，它们就可以被称为几何体。由规则的平面和曲面所围成的封闭空间，就是几何体，例如，长方体、正方体、圆柱体、球体等。物体的形体与尺寸有时被称为空间形式，几何体是只从空间形式的角度加以考虑的物体。

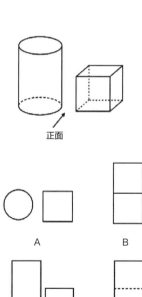

正面

A　　　B

C　　　D

图3-52　几何体的视角转换

2. 几何体的分类

按面的特点，可以把几何体分成曲面立体与平面几何体（图3-53）两类。

第一类，被称为曲面几何体或曲面立体，如圆柱体、圆锥体、椭球、球体等。

第二类，是由不包含任何曲面的纯平面围成的几何体，被称为平面几何体或多面体，如棱柱、棱锥、立方体等。

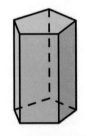

例如，长方体是由六个平面围成的；球是由一个曲面围成的；圆柱是由一个曲面和两个平面围成的。

3. 平面立体及其生成

平面立体主要有棱柱和棱锥两种。棱柱的棱线互相平行，棱锥的棱线交于一点；棱锥如果被从顶部截断则形成棱台。平面立体以其棱线数命名，如四棱柱、六棱柱、五棱锥、三棱锥、四棱台等。

常见的正方体、长方体，实际也都是棱柱的一种。上图（图3-54），展示了六棱柱的多个视角：六棱柱是由六个棱面和两个底面所围成的，相邻两个棱面的交线称为棱线。六棱锥的生成过程，其实可以被看作是一个"由一个六边形底面沿着棱线方向运行一段距离"的过程。

图3-55中的棱锥是由四个棱面和一个底面所围成的，各个棱面是有共同顶点的三角形。按照棱锥底面边的数量不同，可分为三棱锥、四棱锥、五棱锥、六棱锥等。棱锥的生成过程，可被视作是数个三角形棱面与一个多边形地面的拼合过程。

4. 曲面立体及其生成

常见的曲面立体有圆柱、圆锥、圆球等。它们的曲面可以看作是将母线围绕中心轴线回转生成的。因此，这类曲面立体又被称为"回转体"，其曲面被称为"回转面"（图3-56）。下面我们通过图示，展示三种回转面的形成过程。

（1）图（a）表示一条直母线围绕与它平行的轴线旋转，形成圆柱面。

（2）图（b）表示一条直母线围绕与它相交的轴线旋转，形成圆锥面。

（3）图（c）表示当母线为圆，轴线为其直径时，母线围绕轴线旋转，形成球面。

上面所展示的基本几何体的生成过程都是较为简单的。如果立体形态的复杂程度进一步增加，就需要通过更多的方法的组合运用才能生成了。立体造型形成的思路有很多，本质上都源于数学中几何学的基础理论。设计师经常用作三维建模的犀牛软件（Rhino）等，其形体生成的原理被称为"Nurbs"（英文"非有理样条曲线"的缩写）；还有的三维软件主要利用"多面体压缩"的思路，如3Dmax等。

图3-53 曲面立体与平面几何体

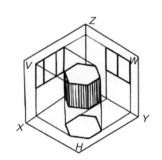

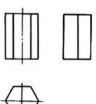

图3-54 六棱柱

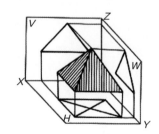

图3-55 四棱锥

72

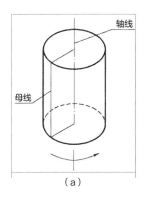

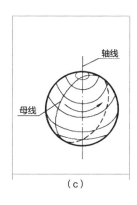

| （a） | （b） | （c） |

图3-56 回转面的形成

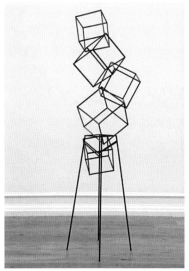

图3-57 立体构成

三、立体构成训练

1. 什么是立体构成？

立体构成也称为空间构成（图3-57），是利用各种材料作为造型要素，以视觉、力学规律为依据，遵守一定的构成原则，组合成美好、科学的形体的方法。

立体构成也是一门以点、线、面、体为基本元素，建立在形式美学基础上，并以形态、结构、色彩、肌理等为研究对象，以立体形态为创作目标的学科。立体构成研究立体造型各元素的构成法则，其任务是揭开立体造型的基本规律，阐明立体设计的基本原理。

空间决定了人类赖以生存和活动的世界的范围，而空间却又受到在其中占据空间的形体反向影响。艺术家要在空间里表述自己的设想，就自然要去创造空间里的形体。

立体构成中形态与形体有着很大的区别，物体中的某个形体仅仅是构成完整形态的一部分，而形态是由众多的形体组合而成的一个整体。

2. 立体构成的特征与作用

在现实世界中，立体是用厚度来塑造形态，并通过工艺制作出来的。因此，立体构成离不开材料、工艺、力学、美学，是艺术与科学相结合的典型体现。

虽然立体构成是由二维平面构成增加一个维度发展而来的构成表现形式，两者之间有着逻辑上的联系，但在特征和用途方面又有着重大区别。二者的联系表现为：都是一种艺术训练方式，可以通过训练强化造型技能，加强抽象构成能力，培养审美观念等。二者的区别则主要是：平面构成基本不涉及实际的材料，更与材料力学没什么关系；而立体构成是基于实体材料形态与空间形态的构成，其在结构上要符合力学的要求，材料的选用也影响形式语言的表达方式和效果。

在立体构成的实际操作中，首先必须把视觉形态落实为某种材料，这是进行造型的物质基础。

图3-58 钢丝艺术

3. 立体构成的材料基础

用来创作立体构成的材料，可按材质分为木材、石材、金属、塑料等；也可按自然材料和人工材料可分为泥土、石块等自然材料与毛线、玻璃等人工材料；还可以按物理性能分为塑性材料（如水泥）、弹性材料（如钢丝）等（图3-58）。

但在立体构成领域，我们为了研究方便只是单纯地从材料的形态角度出发，把材料分成点材、线材、面材、块材四类。点材可以是各种小颗粒状的材料；线材包括各类纤维或条状材料等；面材可以是纸张、布匹、金属、模板、塑料片材等；块材主要是指三个维度的尺寸都比较大的立体材料。

4. 材料形态对立体构成的影响

点材具有活泼、跳跃的感觉；同时点材的大小也对视觉产生直接的影响。

线材具有长度和方向，在空间上能产生轻盈、锐利和运动感。由于线材与线材之间的空隙所产生的空间虚实对比关系，可以造成空间的节奏感和流动感，因此，给人以轻快、通透、紧张的感觉。

面材的表面有扩展感、充实感；侧面有轻快感和空间感。

块材是具有长、宽、高三维空间的实体。它具有连续的表面，能表现出很强的体量感，给人以厚重、稳定的感觉。

因此，同一材料的不同形态的表现会产生风格迥异的效果，以线材表现轻巧空灵；以块材表现厚重有力；以面材表现单纯舒展。我们可以从设计的目的出发，正确选择材料的形态。

另外，点、线、面和体，它们之间的关系是相对的，当超过一定的限度，就会改变原有的形态。

如图3-59所示，较少的订书针可以被看作点材或线材，随着线材平行排列、升高可形成面材，而面材又因为其厚形成块材，最后当块材被堆得越来越高并向一定方向延续后，又形成了线的视觉感受。

因此，在立体构成的设计创作中，要有意识地把握形态变化的尺度，以获得符合创意目标的形态构成。

5. 立体构成——空间艺术

立体构成作为研究形态创造与造型设计的独立造型门类，其所涉及的学科包括建筑设计、景观设计、室内设计、工业设计、雕塑艺术、广告设计等行业。除在平面上塑造形象与空间感的图案及绘画艺术外，其他各类造型艺术都应划归立体艺术与立体造型设计的范畴。它们共同的特点是，以材料的实体占有空

图3-59 "城市"立体构成作品

间、限定空间，并与空间一同构成新的环境、新的视觉产物。由此，人们给了它们一个最摩登的称谓空间艺术（图3-60）。

6. 立体构成的材料质感和肌理

即使是同一形态下的不同材料，因其质感不同也会产生不同的视觉效果，并引发相应的心理感受差异。

材料的视觉、触觉效果是艺术表达中重要的组成部分——它以材料肌理、质感的形式，赋予了体验者不同的心理效应。比如粗糙与细腻（图3-61），冰冷与温暖，柔软与坚硬（图3-62），干燥与湿润，轻快与笨重，鲜活与老化（图3-63）等一系列的质感对比就是旗帜鲜明的设计语言。

在实际的立体构成创作中，材料的质感和肌理是影响作品实际效果的极其重要的因素。

7. 立体构成与设计的关系

立体构成与设计是既有紧密联系，又有明显区别的。

立体构成所研究的内容是将与各艺术设计门类都相关联的三维立体因素，独立抽取

图3-60　空间艺术

图3-61　粗糙与细腻

图3-62　柔软与坚硬

图3-63　鲜活与老化

出来，专门研究它的视觉效果构成和造型特点，从而做到科学、系统、全面地掌握其构造规律。

立体构成与具体设计学科门类的区别也很大。因为立体构成的训练，往往是纯粹的、理想化的创作，缺少具体设计目的、特定的条件、客观领域的限制（例如专为某一种产品设计造型）等。因此，立体构成的练习往往可以单纯从立体造型的角度去研究形态的可能性和变化性。

立体构成的学习和训练，就是为了培养学生的创造性思维，掌握立体造型的规律和方法。立体构成能为设计提供广泛的发展基础，也能为设计积累大量的素材。学习立体构成的目的，在于培养造型的感受力、想象力和创作能力。在基础训练阶段，创作所形成的作品许多都可成为今后设计的丰富素材。经常有一些好的立体构成作品，只要融入实用功能就会成为一件工业产品，带来市场效益；或者融入具体环境就会成为一个出色的建筑设计作品。

随堂练习

（1）从具象到抽象的平面构成训练（以图3-64为例讲解）

第一步：选择一张照片，照片内容不限，但是要求画面主次分明，特征性较强。

第二步：概括提炼，首先将立体理解为平面，舍去画面中琐碎的部分，关注画面中特征性强的部分，并将其强调。

第三步：将画面元素进行组合重构，提炼要点、强调夸张特征，用简洁的形象表达出来，并根据画面需要进行黑白灰的处理。

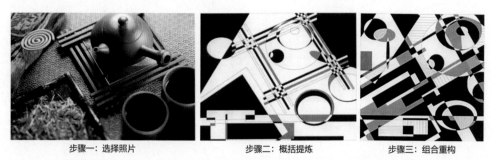

步骤一：选择照片　　　　步骤二：概括提炼　　　　步骤三：组合重构

图3-64　平面构成训练

（2）以纸张为主要材料，适当结合少量其他材料分别制作动物、植物、人造物（产品或建筑）手工模型各一个。

第四章

产品形态设计基础

教学内容： 1. 产品形态特征、语义与风格
  2. 影响产品形态设计的原则与因素
  3. 产品形态设计的基本方法

教学目标： 1. 了解产品形态设计的特征、语义与风格
  2. 理解影响产品形态设计的主要因素
  3. 掌握产品形态设计的基本方法与细节处理技巧

授课方式： 多媒体教学，理论与设计案例相互结合讲解，设置课堂思考题

建议学时： 6~8学时

第一节　产品形态与语义

一、形态的魅力

形态对人们来说，意味着什么？有什么意义？

形态是一种承载了产品（或物体）的功能、技术、结构等内在因素的载体；也是自然界事物个性的展示——大自然从来没有两件100%相同的事物；在大量涌现相似形态的市场或社会状态下，形态又是潮流的风向标（现代主义、流线型等）；在同质化的竞争态势下，形态还是影响购买决策的重要因素；在面临文化或意识形态差异或碰撞时，形态是最能直观、高效地体现人文艺术价值取向的表达方式。

形态的魅力之一，在于用形态来表达，让形态会说话！大自然和人类社会已经存在着一套相当庞大的"形态库"——而这样的"形态库"既存在于现实之中，也对应于人们的意识和认知之中，其本身就是一个纷繁复杂的"符号系统"。这种由各种形态组合而成的"符号"系统，实际上是一个具有意指、表现与传达等类功能的，类似语言的综合系统。这套系统的形成与传达通常基于下述三种观念。

（1）经验观（这是什么？可视的或可触碰的？安全或危险？机械使用或灵活拆解拼装……）。

（2）天性观（圆滑流线与锋利尖锐带来的亲和可触与刺激不可触；色彩与环境的协调；突出物与光滑面对人操控相应做出的反应状态……）。

（3）功能感知观（主观认识上的可转变性——触觉肌理的视觉美观和增加摩擦力的作用；石头"坐"的作用；树和墙"靠"的作用；坐具的"案桌"作用……）。

以传真机为例（图4-1），通过观察我们可以感受到：

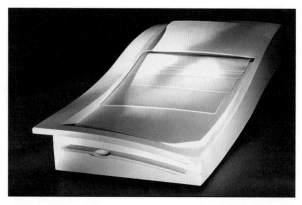

图4-1 传真机

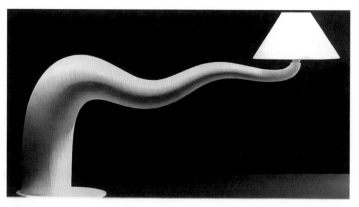

图4-2 台灯

（1）产品形态给人的直观感受包括：层叠的纸、翻动的纸；

（2）形态的语义告诉我们产品是"针对纸张"的器物；

（3）经验告诉我们，纸是轻柔的，顶部的工作界面用于摆放纸张，而不是用作其他用途的；

（4）天性告诉我们，尖锐的转折、转角处不应是手接触的部位；

（5）功能感知告诉我们，手应该触碰的部位、纸的进出口位置等在哪里；

（6）徒手取纸的部位、装纸的屉盒等都有指示标识和符合功能的造型形态。

形态的魅力之二，在于形态形成的本身是一个充满交织的过程，可以赋予产品以人情味。

从形态的分类角度来看，可分为有形和无形两类。有形的形态，主要指各种实体事物，如人的生理构造。无形的形态，主要是人类凭借视、触、听觉等感受，主观形成的印象或感性形态特征，如画面中的留白、音乐中的无声等。

有和无的关系，是一个久远的哲学问题；同样有形与无形之间是相互依存，相互映衬的关系。《道德经》中"故有之以为利，无之以为用"就是一段经典的表述——通过有形的形态创造必要物质条件，再通过无形形态给有形形态的价值形成创造必要空间。

对有和无的把握，恰恰是这样一个感性、理性兼具的过程；在其具体传达时，首先要用有形形态去满足人们的功能要求及使用习惯；其次在所表达形态的视觉特质、风格时尚、价值感传递等方面，要注意引导并符合人的心理需求。反之，基于不同功能的视触觉传达，也能让使用者对新的形态产生兴趣。

以图4-2的台灯为例，曲线形态一方面起到支撑的作用；另一方面，支撑也可以采用枝干或其他任何的形态，但就难以达成现在作品的联想效果——手臂的托举形态，就像女性身体的丰腴曲线，构成富有人情味的视觉美感。

形态的魅力之三，在于其存在"语义的虚拟空间"——通过形态与使用者对话，留给使用者无尽的联想空间。

具体传达方法：通过采用合适形态，赋予产品更易识别的功能、属性或特征。形态的语义实际上可以视作是一种对产品的解说力。以人们体验最为丰富的坐为例，围绕这一主题，在材质变换的同时，什么样的形态更让人有坐下来的意愿？什么样的形态给人更为舒适的心理暗示呢（图4-3~图4-5）？

图4-3　坐的形态之一

而另外一些常见的形态，如夹、推、拉、握、捏、按、拨、提、压、旋、转等可以引导人们正确操作和使用产品，达到不使用产品说明书也能避免误操作，具有"傻瓜化"的易用性（图4-6～图4-9）。

形态的魅力之四，在于其创造了一种全新的、可能的生活方式和使用模式，即"形式激发功能"。

具体传达方法：通过形态的设计，形成一种全新的使用方式或功能实施途径；更关键的是这种全新的方式或功能是可行的，甚至更适合人们。使用者要能从形态中读懂设计者的意图，并获取所传达的新的信息。以终端机（图4-10）为例：按键的独特操作法和受话器的独特搁置方式，都提供给人一种耳目一新的使用体验。

形态的魅力之五，在于其根源于不同时代的风格与人文印记（图4-11）。

图4-4　坐的形态之二

图4-5　坐的形态之三

图4-6　夹的形态之一

图4-7　夹的形态之二

图4-8　套的形态

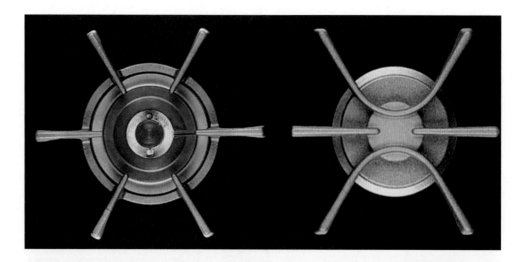

图4-9　搁放的形态

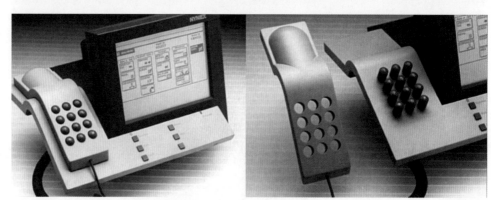

图4-10　终端机

图4-11　可口可乐瓶型及其演变

例如，20世纪的工业设计发展，不同时期产品形态的总体风格一直在持续地变化。整体上经历了从机械形态到仿生形态；从仿生机形态到流线形态；从流线形态到极简几何形态等阶段。

形态设计的成功，不仅是对市场投其所好，也需要在创造性的活动中将消费者的动机与科学技术、奇思妙想的可能性相结合，在产品的功能和形态之间架起有机的互动桥梁。

二、形态的语义表达

有些产品，我们第一眼看到它就会觉得很亲切，仿佛见到一个熟悉的老朋友；而另一些产品我们虽然从未见过，却在接触的一刹那就明白了它的功能是什么，该如何使用。

造成类似这两种产品印象的原因是什么？这些产品为什么就像会说话一样？

这就是形态的语义（Semantic）——特指一种通过产品的视觉形象及其可识别的符号，对产品的功能属性、物理状态、精神属性、艺术价值等方面进行传达的方式。

产品的形态语义主要研究人造形态在使用环境中与人的物理和精神交互方式、交互效果，并关注其形态的象征特性。形态语义的研究目的，是为了利用使用者对形态的认知，有效地阐释产品形态的意义，并正确有效地引导产品的使用。

我们来列举一些产品设计，它们分别从不同的侧面展示了产品形态语义的某种表达方式的。

图4-12中的书立式音箱与书本放在一起很协调，明确地传达了产品的使用场景；

图4-13中的剃须刀模拟了男性下颚的形态特征，以此来暗示用户的性别特征；

图4-14中的空气净化器设计成了树叶的外观，巧妙地传递出产品的功能信息；

图4-15中的桌面摄像机容易让人联想到类似的动物，从而传递出产品轻盈、灵活的形态和功能特征。

产品语义的实用甚至并不局限于工业产品，在一些服务业的产品推广中也屡见不鲜。例如，在一些旅游广告图片中，商家利用优美的场景图片，能轻易地抓取潜在客户对旅游目的地的向往。

图4-12 "飞利浦"书立式音箱与书本

图4-13 剃须刀

图4-14 空气净化器与树叶

图4-15 桌面摄像机与长嘴鸥

对于产品的形态观念，设计师和消费者的认知，实际上存在着较大差异。这源于人们对于产品物态的认知，往往既有客观的一面，又有主观认识的一面。因此，对于形态与功能间的逻辑关系，认知理解和接受程度也是因人而异的。

其一，由于角色差异，设计师是主观创造、客观推出形态；而消费者是主观感受、客观接受形态。

形态的语义首先是设计师的思维、设计理念信息的表达，然后同消费者自身对于形态的感悟达成交流和沟通，以达到对形态语义的认同目的。设计师在"目的——手段"的反推过程中，主动地寻求通过产品形态语义解决问题的途径。消费者则是处于"人——物（产品）"的交互环境中——追求"物我合一"的使用和体验结果，对形态的接受是相对被动的。

因此，客观上在形态语义的表达过程中，对于设计师和消费者的素质要求是不同的。

对设计师素质的要求，是其对消费心理、人文氛围、社会环境、审美情趣、购买层面、生活水准等方面的把握能力。对消费者素质的要求是普遍性的，主要是提高消费者的文化层次、审美和认知能力等方面。

其二，从共同任务和目的的角度来说，设计师与消费者共同建立起与物沟通的关系，其最终目的是理解确定的形态与表达意义。

如何准确地使形态本身传递出它的隐语，给使用者以表面信息的同时，还能让使用者心领神会？狭义地说，在使用者面对产品的功能按键（钮）、操作界面等的时候，不会显得无所适从；广义地讲，产品是否对于人的生理、心理有益，既讲究感性又充满理性和科学性——这就是语义表达必要性和充分性的不同。

以线、面、体的视觉心理感受的范式去确定造型形态的符号。例如，在所展示的各类产品中，直线（平面）的阳刚，流线（曲面）的柔和及其速度感，直线（平面）、曲线（曲面）并置的力感，球体的饱满和完美，锥体的稳定，叠加形体的厚重感等。

如图4-16的后现代主义家具设计，通过"微建筑"的形态设计，传递出一种不羁的造型特征，从而传递出其后现代主义的语义信息。

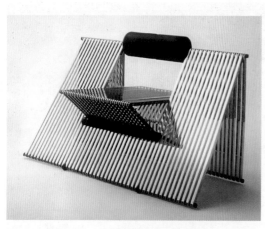

图4-16 后现代主义"微建筑"形态的家具设计

图4-17　流线型的未来交通工具

图4-18　"梦露椅"

图4-19　"太空椅"

图4-17中流线型的形态极具未来感、速度感，凸显出产品作为追求速度的交通工具的功能语义。

"梦露椅"（图4-18）在形式上突出了直线（平面）、曲线（曲面）并置的力感对比；形态上用女人体一般的柔美曲线来表达功能上依靠的舒适度，用象征男人、阳刚的直线来造成支撑坚固度的形态语义感。"太空椅"以球体的饱满和完美形态，来表达漂浮的语义（图4-19）。

三、产品语义学

设计者不需要为他的设计做什么解释，而应通过他的设计来表达一切内容。

——理查德·萨伯

产品语义学（Product Semantics）是研究产品语言（Product Language）意义的学问。其理论架构始于1950年德国乌尔姆造型大学的"符号运用研究"，更远可追溯至芝加哥新包豪斯学校的查理（Charles）与莫理斯（Morris）的记号论。1984年美国克兰布鲁克艺术学院（Cranbrook Academy of Art）由美国工业设计师协会（IDSA）所举办的"产品语义学研讨会"中予以定义：产品语义学乃是研究人造物的形态在使用情境中的象征特性，以及如何应用在工业设计上的学问。

设计师麦考伊（M·Mccoy）探讨了产品的五个方面的问题，作为进行产品形态语义设计的切入点：

（1）环境：即产品造型包括大小、材质、色彩、形态如何与周围环境协调；

（2）记忆性：产品造型是否让人感到熟悉、亲切，产品在文化或形态上是否具有历史的延续性；

（3）操作性：产品造型在控制、显示、外形、材质、色彩等层面的语义是否清晰、易被理解、容易操作；

（4）程序：产品外部造型是否宣示了内部不可见的机构运作，是否揭示或暗示了产品如何工作；

（5）使用的仪式性：产品的造型是否暗示了产品的文化内涵、象征意义。

因此，我们在运用形态符号进行产品设计时，可以从以上几个方面进行考虑。

1. 产品语义学的使用情景与作用

产品的使用情景是一系列活动场景中人、物的行为活动状况，特别指在某个特定时间内发生状态的相关人、事、物，强调在某时在某个场所内，人们的心灵动作及行为，属于特定环境及时间内发生的状况，包括在使用产品过程中的人、物关系及情景内人、物的关联性。

产品的形态使用情景有三项作用：

（1）意指性：展现产品的固有角色；

（2）表现性：展现主体赋予产品的象征角色；

（3）传达性：产品在使用情景中有其双重角色及行为。

关于上述三项作用的达成，在产品语义中主要通过编码与解码这两个过程来完成。该怎么理解编码与解码这两个概念呢？

编码（encode）：指传播者将自己要传递的讯息转化为语言、声音、图像、文字或其他符号的活动。

解码（decode）：指受传者将接收到的符号信息加以阐释和理解，读取其意义的活动。在设计活动中，解码主要是指设计作品或产品的受众对设计作品的观看、理解和接受其信息的过程。

因此，编码与解码是指信息传播中符号与内容相互转化的两个相反的过程。

如图4-20～图4-22中展示了各种衣物架的支撑的形态，其不同的形态语言均为设计师的编码结果；而其各自通过传递让使用者明白了衣服的放置方式和其他产品信息，就是使用者的解码。

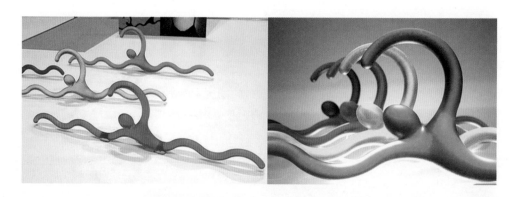

图4-20　游泳人衣架创意形态

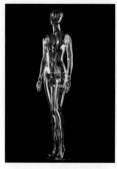

图4-21　人体模特形态

图4-22　抽象的形态

2. 产品语义学的形态表现

产品设计是为了创造更好的生活方式，让产品能为人所用、更好地为人所用。这是以人为本的设计理念，也是基于产品语义学的设计哲学。

设计师必须让一个产品中所承载的信息能被使用者一目了然地了解——这是什么产品？它的功能是什么？如何使用它？等。

产品语义学关注的，既包括产品与人之间的功能信息传递，也包含人与产品的情感交流。由于产品语义学是在符号学的理论基础上发展起来的，产品的外部形态实际上也是用以传达信息的一种视觉符号。产品形态设计过程，也可以看作是对各种造型符号进行的有目的的编码过程。

综合产品的形态、结构、色彩、肌理等视觉要素，说明产品的特征、属性，表达产品的功能、价值，传递产品的具体使用方式等——这便是产品外观形态设计的基本作用。

产品形态所传达的产品功能、使用方式等相似性关系，是产品的物质功能，是通过使用者的感觉、知觉、思维和判断而理解的。同时，产品中所传达的信息来源于形态与其所表达的产品功能之间的相似性或象征性关系。同时，某件产品对于特定的人而言，其象征性意义、精神功能方面的意义和价值是相差很大的。由此，产品语义又可分为象征语义、感觉和知觉语义两大类。

3. 产品形态的象征语义

产品形态的象征语义是在产品的形态与功能之间，建立一种形与义之间的内涵联系。在产品语义中，设计者往往采用明喻、暗喻、象征、联想等方式来完成这种产品形态、功能之间的对应。在工业设计史中，类似的例子很多，如直升飞机与蜻蜓（图4-23）的形态关联；类似桥梁形态的电话象征"沟通"等。

4. 产品形态的感觉和知觉语义

感知是产品与人进行交流的最有力、最必不可少的手段。

在心理学领域，感觉是人脑对直接作用于感觉器官的事物的个别属性的反映。知觉则是人脑对直接作用于感觉器官的事物的各种不同属性、各个不同部分及其相互关系的综合反映。

感觉是一种最简单的心理现象，是人类认识的开端，是一切高级心理现象的基础。

图4-23　直升飞机与蜻蜓的形态

图4-24 阿莱西卫浴组合

图4-25 触觉语义

图4-26 9093号水壶的听觉语义

而知觉的产生要以感觉为基础，但不是各种感觉的简单总和；它包含着对事物不同属性、成分之间相互关系意义的理解。

（1）视觉语义——通过人眼观看而获得的产品信息。如图4-24中的阿莱西卫浴产品，是以人的形态为设计语言，幽默地表达出生活中人们的各种姿态，并赋予其一定的实用意义。

（2）触觉语义——通过人的肌肤的触觉而获取产品信息（图4-25）。

（3）听觉语义——通过物的声音作用而传达的产品信息，典型的案例如图4-26中所示的水壶。该产品是由美国建筑师迈克尔·格雷夫斯设计的9093号水壶。当水烧开时，蒸汽从壶嘴的汽笛中透出，即可发出欢快的"鸟鸣声"。

5. 产品语义学前景

在智能产品身上，我们只能看到"果"而看不到"因"。其物质的成分已变成不可见——产品本身已不再是一种明摆在我们面前，任由我们解释的东西。

——曼辛（Manzin）

在后现代社会，设计越来越追求"一种无目的性的、不可预料和无法准确测定的抒情价值"和种种"能引起诗意反应的物品"。　　　——马可迪·亚尼（Marco Diani）

我们现在身处信息时代，随着电子通信和声像媒体的发展，会像社会学一样，改变着认知心理学和哲学。高科技、高效信息传递将会为产品和社会的非物质化、数字化提供愈发坚实的技术与社会基础。工业设计与科技、艺术之间的联系越来越紧密，边界越来越模糊。这一趋势将使产品的形式高度抽象化、模糊化，并且产品功能更加齐全。在这样的时代特征下，如何准确传达产品语义，给工业设计师提出了全新的挑战！

第二节　形态设计与人因工程

一、人因工程简介

1. 人因工程所关注的问题

一方面，在日常生活中，我们经常碰到一些问题。例如，公交车扶手的高度你认为设计合理吗？学校的寝室有没有配电脑桌？如果让大家给自己设计一个电脑桌（图4-27），大家会怎么设计？又会考虑哪些关键尺寸？如果设计火车上下铺，最需要考虑的人体尺寸是哪些部位？分别对应乘客的什么习惯和姿势？

另一方面，人们的视觉记忆习惯是有规律可循的。例如，对于一串电话号码的记忆，人们往往通过视觉对这些数字信息进行习惯性地分段处理，例如，将13140467892分为131-4046-7892，这是否符合你的习惯？

当然，人因工程不仅仅关注人们的共性，也关注其中的差异。

例如，北方人冬天喜欢去三亚；南方人夏天喜欢去东北，这是什么原因呢？工厂里流水线的操作台应该多高？教室里的课桌椅高度是否合适？针对不同年龄学生的身高和坐高差异，应该如何调节？

除此之外，日常生活中还有哪些值得思考的设计问题呢？同学们不妨利用头脑风暴法再列举一些：

ATM自助取款机的按键（图4-28）应该如何设计才能既不影响操作视线又能避免被旁人偷窥？

各种家用电器的遥控器、按钮的设计应考虑哪些因素？

体力劳动与脑力劳动岗位的工作负荷、疲劳程度差异有哪些？

如何通过设计保障生产安全并预防事故……？

图4-27　各种电脑桌

图4-28　银行自动取款机的按键

2. 人因工程学的命名及定义

人因工程学在不同国家的学科命名有所差异，例如，在美国叫作"人的因素工程学"（Human Factors Engineering）或"人类工程学"；而在一些西欧国家称为"人类工效学"；在日本称为"人间工学"。

在我国，也有着人机工程学、人体工程学、工程心理学、人类工效学、人类工程学、人的因素等多种叫法。这些不同的叫法有的是因为关注点的差异所导致，有的则纯粹是习惯导致的。

由于我们在设计领域引入该学科的目的，旨在强调重视人的因素的作用，故使用"人因工程学"这一名称。在《中国企业管理百科全书》中，人因工程学被认为是"研究人和机器、环境的相互作用及其结合，使设计的机器和环境系统适合人的生理、心理等特点，从而达到在生产中提高效率、安全、健康和舒适的目的"一门学科。

国际人因工程协会认为，人因工程学的主要领域是研究人在某种工作环境中的解剖学、生理学和心理学等方面的各种因素，研究人和机器及环境相互作用的条件下，在工作、家庭和休假时，怎样统一考虑工作效率、人的健康、安全和舒适等以达到最优化的问题。

高效——是指作业效率与作业质量的统一。对企业而言，高效的生产或作业，产出多、质量好、成本低，在市场中有更大的竞争力。

安全——是指减少或消除工作、生活中的差错与事故。确保人的安全才可能健康、舒适和高效率。

健康——是指限制或消除对人的健康不利，甚至有害的环境因素，并改进工作条件、工作方法。

舒适——是指人对工作的满意和适应，其直接影响安全性和效率的高低，是对工作优化的更高要求。

3. 人因工程学常用的研究方法

（1）调查法。调查法是获取有关研究对象资料的一种基本方法。它具体包括访谈法、考察法和问卷法。其中问卷调查常采用四种回答方式。

1）是否式，被调查者只需要回答是或否即可。

2）选答式，每一个问题列有几种可供选择的答案，被调查者可选择一个或多个答案。

3）等级排列式，即要求答卷人对每一题列出的供回答的被择选项按一定的标准排出等级。

4）等距量式，如"非常同意、比较同意、一般、比较不同意、非常不同意"。

调查法的优点是省时、方便，成本比较低；其缺点则主要因为这是一种依赖主观判断的方法，可靠性不高。为了提高其可靠性，建议在调查时，要保证调查结果对被调查者的切身利益没有影响；同时，样本的选取要科学、有代表性，且样本的数量要符合数理统计学的要求。

（2）测量法。利用标准的测量工具（如米尺、秒表）等，对人或系统的效率进行测量。测量法是获得人的特征和局限性最常用、最可靠的方法。

需要注意的是，人与人是不同的，同一个人在不同的时间的测量结果也可能会不一样。因此，在实际测量时测量样本数量要足够大，并有必要记录下被测量者的群体特征、测量时的客观条件等。

（3）实验法。实验法是在人为控制的条件下，排除无关因素的影响，系统地改变一定的变量因素，以引起研究对象相应变化，并进行因果推论和预测变化的一种研究方法。最常用的是对比实验法，如高座椅和低座椅的对比试验。实验法优点包括四个方面。

第一，不必像观察法那样等待观察对象的出现，而可以按照研究的需要引起所观察现象的变化。

第二，可以排除偶然因素的干扰或无关因素的影响。

第三，可以使研究的现象重复产生，使人们反复观测、验证。

第四，容易获取精确的数据。

二、形态设计中的人因要素

通过对人因工程学的了解，我们发现产品"形态"设计与人因工程的关系非常密切！

其中，把握形态与知觉和心理之间的关系，是进行产品形态创新设计时必须掌握的重要环节。

1. 视觉的积极选择性

众所周知，人类信息量的80%通过视觉获取，无论是生活或是设计中，判断一个物体的形状，首先是通过视觉来接受的，尤其对远处不能触及的物体，更是只能凭借视觉来判断。除此之外，人类对形态的感受和认知就主要是通过触觉了。

然而，通过触觉来判别形态，甚至通过听觉等其他方式来判断形态，较之视觉判断就有了较大的局限性。"盲人摸象"的成语所蕴含的意义，就是对这种局限性的深刻描述。

人的视觉神经由于不能包罗万象，因此其在观察时有选择地关注其必须关注的、想要关注的内容，就具有积极意义——这就是视觉的积极选择性。

什么样的形态能引起人的视觉认知兴趣呢？

要了解这一点，要清楚人是一种复杂的、有着多重属性的群体。

首先，人具有天生的自然属性。这些自然属性，既包括人体的形态特征参数，也包括人的感知特性、人的反应特性，以及人在工作和生活中的生理特征、心理特征等。

例如，在椅子等坐具的设计当中，我们应当考察哪些人的自然属性和相关的数据信息（图4-29）？

其次，人具有的社会属性。人类与自然生物最重要的区别，就在于其社会性。人类在工作和生活中的一系列社会行为、价值观念，以及人文环境等，都对形态设计产生深远影响。

同样，在椅子的设计当中，我们是否也应当考察人的社会属性和情感因素（图4-30）？

图4-29　人的自然属性与坐具的数据关联

材质　高度

深度　间隔

图4-30　人的社会属性与坐具的形态关联

场合　环境

社交　情绪

图4-31　人的社会属性与汽车内饰设计

在汽车整车的外观形态及其内饰设计方面，人的社会属性也产生了显而易见的影响。

以汽车内饰为例：设计目的主要为了迎合汽车消费者内心想要展示的情感和价值认同特质（图4-31）。

例如，为了应对日趋严重的城市内停车车位，以Smart为代表的小型代步汽车设计直面了这个社会问题，并通过汽车的形态及其内部空间的设计手段加以解决（图4-32、图4-33）。

又如背包的设计，作为父亲的角色（图4-34）所需要的形态和功能设计与作为军人的背包（图4-35），所需要形态和功能设计均有重大差异。

同样，人的社会属性还包括了信仰、宗教、民族、风俗等内容，如图4-36中的麦加表设计就运用了明显的伊斯兰教元素。尤其是在涉及宗教信仰的设计中，选用符合信仰价值习惯的视觉形态语言，是设计成功的必要因素。

再次，人还具有历史属性。

随着社会的进步、历史的发展、生活方式的变化，人们对于物质的需求产生了客观的变化，进而对产品的设计和生产均发生相应的影响。

分析产品设计中人的历史属性，需要运用科学的历史发展观、从时间轴纵向进行分析。例如，我们可以从人类发展与汽车外形演变（图4-37~图4-40）的角度，去考察人的历史属性对产品的影响。

图4-32 MATRA

图4-33 SMART

图4-34 父亲的背包

图4-35 军人的背包

图4-36 麦加表与中东地区的建筑

图4-37 老爷车

图4-38 现代车

图4-39 燃油时代的赛车

图4-40 未来派概念车

宠物　　　　　　　信仰

图4-41　人们精神追求的多样性

2. 运用人性化设计

什么是人性化设计？人性化设计是指在设计过程当中，根据人的行为习惯、人体的生理结构、人的心理情况、人的思维方式等，在原有基本功能和性能的基础上，对产品或建筑等进行优化设计，让用户的参观、使用、体验更加方便、舒适。人性化设计是通过设计对人的生理、心理和精神需求的尊重和满足；是设计中的人文关怀；也是对人性的尊重（图4-41）。

艺术　　　　　　　技艺

人性化的设计哲学，要求设计者以人为本、以消费者为本、以用户为中心等；要求设计的产品应该能主动适应人们的已形成的审美观、价值观、生活习性、操作习惯等因素。在人性化设计的领域，日本著名设计师深泽直人的"无意识设计"风格，是比较典型的代表（图4-42、图4-43）。

一般而言，人性化设计的表达方式主要有如下几种。

（1）通过设计的形式要素（如造型、色彩、装饰、材料等）的变化，引发人积极的情感体验和心理感受，可称为设计中的"以情动人"。

图4-42　带着饭勺的电饭煲

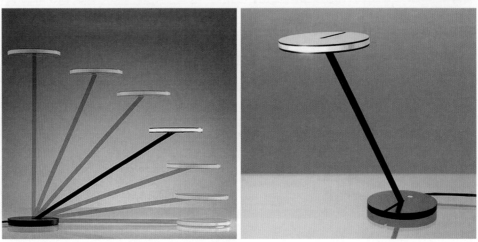

图4-43　随意调整高度的台灯

（2）通过对设计物功能的开发和挖掘，在日臻完善的功能中渗透人类伦理道德的优秀思想，如平等、正直、关爱等，使人感到亲切温馨，让人感受到人道主义的善意，可谓是设计中的"以义感人"。

（3）借助于语言词汇的妙用，给设计物品一个恰到好处的命名，往往会成为设计人性化的点睛之笔，可谓是设计中的"以名诱人"。

人性化设计的核心理念，要求每一个优秀的产品造型设计都应该有其内在的逻辑根据、价值理念，而绝不只是为了追求单纯的造型美观。但与此同时，作为设计师既要习惯于从理性的角度出发，用人机工学的相关知识来观察、思考、鉴赏和设计产品；也不能忽略从感性的角度出发，体验生活、感悟文化价值的重要性。

三、人机交互设计

人机交互，又称人机互动（Human‐Computer Interaction或Human‐Machine Interaction，简称HCI或HMI），是一门研究使用者与操作系统之间的交互关系的学问。此处的"操作系统"可以是各种各样的机器，也可以是计算机化的系统和软件。

在1984年，IDEO的创始人比尔·莫格里奇在一次设计会议上提出了名为"软面（Soft Face）"的概念，后来更名为"Interaction Design"，即"交互设计"（英文缩写为IXD）。

因此，人机交互设计就是针对人机交互所进行的一系列视觉、逻辑和操作体验等方面的设计。人机交互设计对于当代高频应用的智能设备、电子产品、网络硬件产品等而言是必不可少的，其设计的质量直接决定了人们通常所理解的"好不好用"。

1. 交互设计的内容和目标

交互设计是定义、设计人造系统及其行为的设计领域。它定义了两个或多个互动的个体之间交流的内容和结构，使之互相配合，共同达成某种目的。交互设计的最终目的，是去创造和建立人与产品（含服务）之间有意义的关系。

交互系统设计的目标主要从可用性和用户体验两个层面上进行，关注以人为本的用户需求。

图4-44　人机界面

交互设计起源于网站设计和图形设计，但现在已经成长为一个独立的领域。

现在的交互设计师远非仅仅负责文字和图片，而是负责创建在屏幕上的所有元素，所有用户可能会触摸、点按或者输入的东西——简而言之，产品体验中的所有交互过程。

2. 人机界面

人机界面（图4-44）是人机交互设计的主要对象，被称为用户界面（User Interface，缩写为UI）。UI通常是指用户可见的操作界面，用户通过它与系统进行交流并实施操作。

小如收音机的播放按键，大到飞机上的驾驶舱仪表板，或发电厂的控制室。人机交互界面的设计为了达到更好的系统可用性或用户友好性，需要对包含用户理解、心智模型、使用习惯、人体尺寸、产品功能等众多因素作出统筹兼顾。

3. 交互设计的主要流程

科学的交互设计项目从开启到结束需要科学的流程管理。从各阶段的主要职责来分，交互设计的全流程可分为以下三个主要阶段。

（1）分析阶段。此阶段又可按照具体任务细分为需求分析（倾听用户心声）、用户场景模拟、竞品分析等。

需求分析可通过调研、访谈等形式，获取第一手的用户资料。在此基础上，可提炼出具备代表性的用户需求和场景的共性与差异，完成用户场景模拟、用户画像分析等。为确保设计项目的先进性，还应当充分参照同类交互项目的做法，进行竞品分析，并从中找出可实施差异化、针对性的设计策略。

此阶段的输入物可包括以下列出的其一或全部：市场需求文档MRD（即Market Requirement Document）、产品需求文档PRD（即Product Requirement Document）、市场调查报告、竞品分析文档等。

此阶段的输出物主要是设计初稿，包括：思维导图、用户画像（图4-45）、低保真界面等。

（2）设计阶段。采用面向场景、面向事件和面向对象的设计方法。面向场景是指模拟该产品使用场所、使用时间等现实状态；面向事件则是指要对应产品的功能响应与事件触发的具体设计，例如，提示框、提交按钮等；面向对象是指因用户不同导致产品设计的需求不同——用户定位是影响UI设计的重要因素，往往需要根据输出的用户画像来做针对性的设计安排。

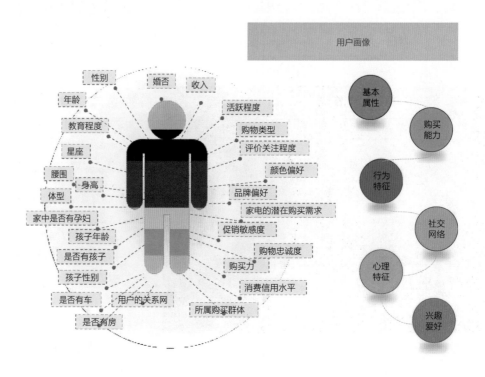

图4-45 用户画像

此阶段的主要输入物为一系列交互文档，包含一部分初步的设计稿，如交互架构、功能原型、低保真原型等；也包括更为成熟的高保真页面、Banner、图标、文字字体等。

（3）验证。UI设计师往往自身对于产品的理解会更加深刻。产品出来后，UI设计师需对产品的效果进行验证，体验与当初设计产品时的想法或需求是否一致，用户是否接受，可用性如何等。

此阶段输入物为较为成熟的产品版本；输出物为进一步优化的产品更新版本。

4. 交互设计的人因要素

可视性：交互设计应具备良好的功能可视性；可视性越好越便于用户发现、了解其使用方法；

反馈性：反馈与活动相关的信息或结果，以便用户能够继续下一步操作；

限制性：在特定时刻选择显示或隐藏部分功能，限制用户操作的方式和范围，提升效率并防止误操作；

映射性：准确表达控制及其效果之间的关系，避免误解或误判；

一致性：保证同一系统下的同类功能的操作、表现及回馈的一致性；

提示性：充分准确的操作提示，避免判断的模糊或模棱两可。

第三节　产品造型基本方法

所谓产品，特指由人类创造的具有使用价值的物品；其外观造型必然属于"人造形态"。由于人类早期的造型活动，深受自然环境的影响，因此大多以模仿自然界的动物、植物的形态为主。

同时，早期人类的造物，还受到客观的条件的影响。图4-46中的原始陶器常见的"三足"造型便是典型的例子，其主要原因是在原始条件下"三足"比"四足"更容易找到平衡与稳定。

图4-46　原始陶器

无论是自然物还是人造产品，其造型都包括了数种基础要素，如材料、质感、颜色等。聚焦到人造产品领域，其中作为基础造型要素的形态主要分为以下几种。

　　第一类：几何形态。以各种高度抽象、标准化的几何形为基础，可作适当地衍生、变化。

　　第二类：有机形态。包括仿自然的形态、抽象的自由曲面形态等。

　　从文明的发展进程来看，人类造物在产品的造型方面大致经历了如下几个阶段。

　　第一阶段可称为原始形态阶段。在这个阶段，由于人类的生产手段和技术能力还比较低下，往往人造物品客观上也只是以能达到基本的功能目的为标准。而主观上，人类虽然已经脱离了动物界，但其实也还徘徊在满足基本物质生活的阶段，难以产生追逐艺术的持续动力。

　　在原始形态阶段，人们一般不以美观作为产品的价值追求。在这个时期，由于制造技术还比较原始、粗糙，客观上也难以实现标准化或精细化，因此对产品功能性的追求是第一原则。不过，用现代人的眼光去考察原始形态，发现这些产品也呈现出某种神秘的美感——蕴含着人类早期的那种粗放的、蓬勃的生命力和文明之光。

　　第二阶段是模仿自然形态的阶段。

　　模仿自然形态，是人类模仿自然界中具有生命力和生长感的形态，并进行重新创造的过程。大自然的生物形态是其本身为了生存、发展，在长期与自然力量相抗衡的过程中逐渐形成的，因此具备高度的适应性、合理性。如植物的生长发芽，花朵的含苞、开放都表现出旺盛的生命力，给人类带来一片盎然的生机；动物的运动所表现出的力量、速度等，人们从中得到美感与实用性的启发，进而模仿、设计和创造出比自然形态更优美、更适用的人造形态。

　　例如根据自然界植物形态设计的现代装饰灯具、玻璃器皿、瓷器等生活用品；根据鸟类的翅膀而设计出飞机机翼；根据贝类生物能承受强大水压的曲面壳体而设计出建筑穹顶；根据鱼类在水中快速游弋的形态设计的潜艇等。所有这些，无不体现了人类理想的结晶和师法自然的显著成果。

　　第三阶段是抽象形态造型阶段。

　　抽象形态（图4-47）是人类经历了长期的生产实践，并积累了大量的造型创造经验、物质使用的体验之后，逐渐形成的以主观的抽象思维为主，并与客观物质之间相互印证的造型方法。这种造型方法包括以下几种。

　　（1）具有数理逻辑的规整几何形态。几何形态给人以条理、规整、庄重、调和之感：如平面立体表现出严格、率直、坚硬；曲面立体表现出柔和、富有弹性，圆润、饱满。

　　（2）不规则的自由形态。自由形态是由自由曲线、自由曲面或附加以一定的直线和平面综合而成的形态，具有自由、奔放、流畅等特点。设计师常用的犀牛软件（Rhino）就是以一种以自由曲线为基础，并进一步生成自由曲面或自由形体的三维设计应用软件。

　　抽象形态是人类的形象思维高度发展的产物，是在对自然形态中美的形式归纳、提炼的基础上发展形成的。在人类生活中有很多内容绝非具象的自然形态所能充分表现的，而却能从抽象的形式中进行表现。如

图4-47　抽象形态造型

原始图像　　　　　　　　　　初步抽象　　　　　　　　　　再次抽象

图4-48　形态的抽象化过程

各种工业产品的造型就是如此充分地表现出人的各种情感，如均衡与稳定、统一与变化、节奏与韵律、比例与尺度等（图4-48）。

一、基本几何体在产品造型中的应用

现代工业产品的形状最为常见的一类，是由初等解析曲面，包含平面、圆柱面、圆锥面、球面、圆环面等在内的几何体组合变化而成。这一类，大多数是应用在机械零件这一领域里面，可以用画法几何与机械制图完全清晰地表达和传递其所包含的全部形状信息。

对于产品设计师而言，这些几何形体似乎是接受、理解、利用起来最为简单的。

人们能从自然中观察到近似平面的现象，例如平静的湖面、笔直陡峭的山壁等；旋转体亦是如此，例如从太阳、月亮等天体观察到圆形；从珍珠、鹅卵石观察到近似的球形等。

然而，很少有人意识到在自然界所观察到的几何形体实际上是人类抽象思维的产物——因为在大自然中绝对的标准几何形态并不存在。不要说基于六个平面的标准正方体或长方体；也不要说基于数学算法的圆形或椭圆形；大自然中其实就连真正的绝对平面也找不到。

几何形态的完美迥异于自然生物的视觉感受，因此能给人们留下深刻印象，并促使人们试图在造物过程中将之再现（图4-49、图4-50）。

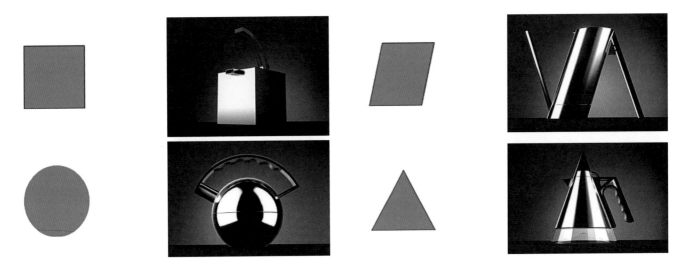

图4-49　几何形态的产品设计应用　　　　　　　图4-50　几何极简主义风格的产品设计

1. 对基本几何形的认知

然而，几何形态却并不是真的简单；相反几何形态中其实蕴含着众多的数学、美学和哲学规律。对于几何形态的认知和理解，要从其基本要素开始。

整体上，各种几何形态都可以概括、抽象为直和曲两类。

直的类型分为：直线、平面、平面多面体等；"曲"的类型分为：有理曲线，如圆弧、椭圆线条及其构成的球面或椭球面等；非有理样条曲线，如自由曲线、自由曲面等。

除此之外，角度的概念，也可以作为几何要素单列出来，如直角、锐角、钝角、导角、斜角等。

（1）对方形的认知。方形的最基本形态表现为正方形。正方形既有直线形态刚直、明快的特征；又兼具水平与垂直相结合的稳定感；同时又具有等量形态的和谐和条理性。长方形是在正方形的基础上一对边长发生变化。随着长度的增加，其动感越来越强。当长方形的角度发生变化后，形成平行四边形；当角度和边长都发生改变时，产生不规则的四边形（图4-51）。

（2）对三角形的认知。三角形态是方形的减缺形。三角形态的基本形为等边正三角形，感觉极其稳定、牢固。随着三角形边长与角度的变化，人们观测它的心理效应也发生相应的变化（图4-52）。

（3）对圆形、椭圆形的认知。正圆的半径相等，外力与内力相抵消，给人以充盈、完善、简洁、平衡的视觉效果；而椭圆形给人的视觉效果是长半径方向有向外撑破的趋势，产生一定的动感（图4-53）。

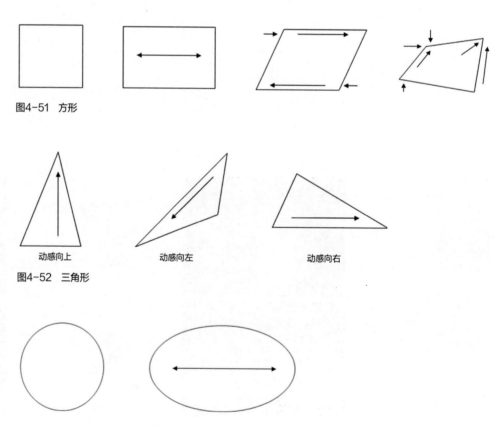

图4-51 方形

图4-52 三角形

动感向上　　动感向左　　动感向右

图4-53 圆形、椭圆形

2. 平面几何形态的组合

我们用两个单独的圆形为例，来说明平面几何形的组合关系（图4-54）。

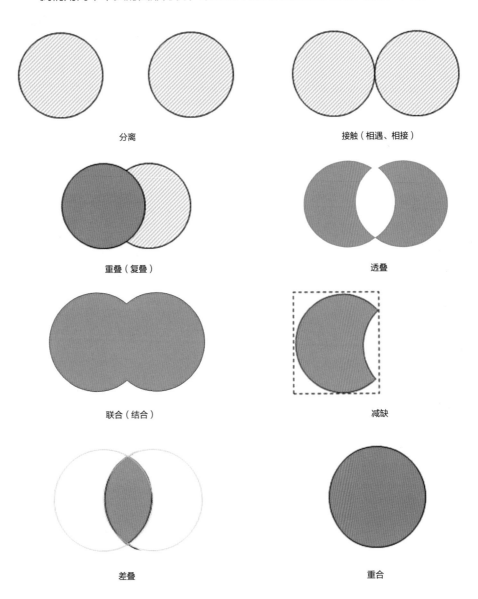

分离

接触（相遇、相接）

重叠（复叠）

透叠

联合（结合）

减缺

差叠

重合

图4-54 平面图形的组合关系

3. 几何形态组合的实际应用

（1）分离：形与形之间不接触（图4-55）。

（2）接触：形与形之间边缘相切（图4-56）。

（3）复叠：形与形之间是复叠关系，由此产生上下前后左右的空间关系（图4-57）。

（4）透叠：形与形之间透明性的相互交叠，但不产生上下前后的空间关系（图4-58）。

（5）结合：形与形之间相互之间结合成为较大的新形状（图4-59）。

（6）减缺：形与形之间相互覆盖，覆盖的地方被剪掉（图4-60）。

（7）差叠：形与形之间相互交叠，交叠的地方产生新的形（图4-61）。

（8）重合：形与形之间相互重合，变为一体（图4-62）。

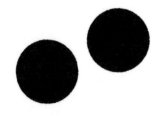

图4-55 分离

图4-56 接触

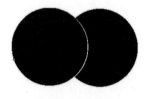

图4-57 复叠

图4-58 透叠

图4-59 结合

图4-60 减缺

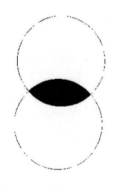

图4-61 差叠

图4-62 重合

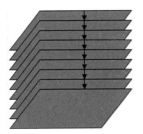

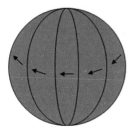

图4-63 体的形成

图4-64 贝聿铭——玻璃金字塔（虚体）

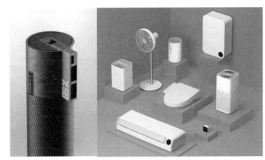

图4-65 几何形态的产品设计

4．几何立体的形成与特点

（1）体可以看作是由面按照一定的轨迹移动，叠加后形成的。它具有长度、宽度和深度方向的三维尺寸（图4-63）。几何立体特指按照一定的数学规律形成的立体图形。

（2）立体的特点：其体量感、重量感共同体现。

表面封闭的立体形，称之为"实体"，主要表现为正向的重量感；而以线形围成的体，如图4-64中的透明的体，称之为"虚体"，表现为负量感。如图4-65是一些常见立体几何形产品设计的应用。

二、自由曲面在产品造型中的应用

工业产品造型中的另一类是由复杂方式构成，包括自由变化的曲线、曲面，即所谓的自由曲线、曲面组成，如汽车车身、飞机机翼和轮船船体等的曲线和曲面等。

1．自由曲面与有机形态

有机形态是一种区别于几何形体、无机形态（如山、石等）的造型要素，可分为仿自然形态和自由曲面形态两类。其中，仿自然形态（图4-66）主要指仿照自然界的有机生物体态，如动物、植物等，其仿照的尺度包含最为具象的模仿，也包括经过高度抽象和概括的提炼。

图4-66 自然形态与产品

2. 自由曲面的特征

自由曲面指表面形状不能连续加工，具有传统加工成型的任意性特点的曲面。

这些是不能用初等解析函数完全清楚地表达全部形状的，需要构造新的函数来进行研究。研究成果形成了计算机辅助几何设计（Computer Aided Geometric Design，CAGD）学科。

在现代设计史上，涌现出众多偏爱自由曲面的设计大家，著名的克拉尼（图4-67）、斯塔克（图4-68）等均是个中高手！

自由曲面是工程中最复杂而又经常遇到的曲面。在航空、造船、汽车、家电、机械等制造中，有许多零件的外形，例如，飞机的机翼或汽车的外形、曲面以及模具工件的表面等，均为自由曲面的应用领域。

因此，如何来清晰地表达自由曲线、自由曲面，就成为摆在工程师面前的首要问题。

其中，NURBS就是一种优秀的对于自由曲线和自由曲面的表达方式；当然，同时它也发展成了一种针对曲面物体的有效造型方法。NURBS是"非均匀有理B样条"（Non-Uniform Rational B-Splines）的缩写。NURBS曲线和NURBS曲面在传统的制图领域是不存在的，而是为使用计算机进行3D建模而专门建立的。NURBS曲面建模造型方法的典型设计应用软件，包括Alias、Rhino（犀牛）等。

自由曲面在现实生活中应用广泛，包括家具、电器、日用品、车辆（图4-69）、飞行器（图4-70）等。

图4-67 路易吉·克拉尼与他的设计作品

图4-68 菲利浦·斯塔克的设计作品

图4-69 自由曲面的汽车形态　　图4-70 自由曲面的飞行器

3. 自由曲面的加工

自由曲面难以通过数学方法来表达，同时它的加工也相对更为讲究，更为复杂。

自由曲面的加工包括了曲面、造型、曲面的光顺度、轨迹的规划和数控编程等多个方面。

在自由曲面CNC加工过程中，NC轨迹的生成是自由曲面加工的关键，而对于形状复杂的自由曲面零件，如何解决NC轨迹生成过程中的干涉处理又是关键中的关键。

利用模具进行自由曲面的加工（例如注塑等），一般也是建立在CNC先行加工好模具的基础之上。

对于光顺度的把控，则主要是利用好打磨工序。

4. 为什么产品造型需要自由曲面

统一式样的交通工具、整齐划一的家用电器，千篇一律的几何造型等，难道就必然是现代设计的主要特点？如果仅仅只有这些，就会越来越让人感到我们正在远离自然，远离情感，进而沦为技术与物质的附庸。长此以往，人们会感到现实的生存方式变得非常单调、乏味、机械且冷漠。人们的生活并不希望被塞进一个标准规格的集装箱，这与人类崇尚自然的天性相悖。

德国著名设计师路易吉·克拉尼的作品，所代表的是一个新的视点——即师法自然的造型理念。这一设计理念向我们展现了充满自然活力的产品魅力。大自然充满偶然，充斥着大量的自由曲面和形体；这让人惊叹不已、为之震撼，也提供了人与自然直接对话的契机。在他的作品中我们能感受到人与自然的平衡，科学与艺术的融合，这是一种开创了"人——物——环境"协调的高科技、高情感的设计观念。

三、产品造型特征与风格

现代工业设计对产品造型的要求，往往是站在潜在使用者的角度，以审视的眼光，并联系其周围的环境因素等来衡量。除了一般意义上的审美因素外，工业产品的形态还需要传递一系列准确的信息，如可靠、复杂、危险、松地、时髦、高效等。例如，同样一辆赛车，对于一位门外汉来说，引起他注意的只是其引人注意的外在形象；但对于有经验的赛车手来说，就能从赛车所选择的特定形态中仔细观察出各要素间的相互关系，甚至推断其整体性能。

产品信息中的一部分是以特征或风格的整体方式传递的；而大部分则有赖于其具体的样式、形状。物体被人感知的程度是因人而异的，但首先能引人注意的总是它的造型特征，这包括了它的色彩、形态，也包括了材质、工艺（图4-71）等所有外观或视觉因素。而所有上述的外观或视觉因素综合起来，其作为整体如果能传递给人们的一种整体的、显著的艺术特质或感受，我们就可称其为风格。

因此，对于一款产品而言，它的造型特征，指的是其外观的一系列视觉元素中的一个或多个，包括但不限于色彩、形态、样式、材质、工艺等。特征的另外一层含义，则意味着其具备某种特殊性，比如足够的区分度或辨识度。产品的造型特征，也就是指该产品有别于其他产品的外观特质。

市面上有很多产品，不仅功能技术同质化，外观也已经大同小异。当产品的一系列

图4-71 产品中的材质与工艺特征

图4-72 后现代风格

图4-73 高技术派

图4-74 新中式风格

造型特征经过设计、协调、搭配，从而在整体上形成、具备了某种稳定的、显著的视觉感受，并且这种视觉感受还可以用类似的方式，在另外的产品上再现的话，则可以认为形成了某种风格。因此，每个产品都有造型，但不一定有特征；有造型特征的产品也不一定有风格。因此，对产品的外观设计要求具备显著的风格，实际上要比做一个漂亮的外观的要求高得多。

事实上，风格的形成不是个案，在设计史上屡见不鲜！我们可以尝试用简单的语言，分别描述图4-72~图4-74所呈现的设计风格及其特点。

人类迄今为止，在艺术创作与产品设计领域，已经积累了非常丰富的经验，并积淀了深厚的艺术文化底蕴。这对于产品造型的设计来讲，无疑是巨大的宝藏。同时，对于未来的设计师而言，一方面具备了站在巨人肩膀上的条件；而另一方面也需要注意，继承只是基础，创造性地运用才是目的。

第四节　产品形态设计的局部处理

一、产品形态设计的局部处理——组合叠加法

通过形态的组合、叠加，对产品的形态设计进行精细化的处理，是产品设计中的常用手法。组合叠加法按照形体组合的方向和位置关系，可分为堆砌组合、接触组合、贴加组合、镶嵌组合及贯通组合等。

1. 堆砌组合

形体由上到下逐个平稳地叠堆在一起，构成一定的形状组合。叠放的顺序要符合功能要求，构成组合的单元形体在整体统一的前提下可以产生形态的多样变化。形体不限于由几何体构成，也可以由自由曲面构成，但总体上是垂直方向的形体叠加。

堆砌组合适合在竖直方向上尺寸范围较大，而水平方向上尺寸相对小。如图4-75中的咖啡机，就是这类产品的典型。

2. 接触组合

相对于堆砌组合是垂直方向的叠加而言，接触组合主要是在同一水平面上的排列。

接触组合可以是水平方向上的直线连续（图4-76），也可以是折线连续（图4-77）、曲线连续（图4-78）和多维连续［图4-79（a）］。

连续组合中的单元形体可以是相同的形态，也可以是不同形态，还可以是渐变的形态［图4-79（b）］。

图4-75　飞利浦咖啡机的形体堆砌组合

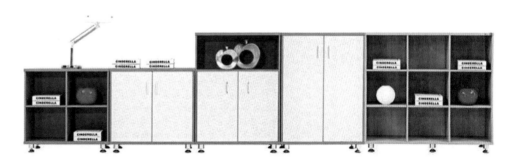

图4-76　接触组合的直线连续

图4-77　接触组合的折线连续

图4-78　接触组合的曲线连续

图4-79　接触组合中的多维连续组合　　　　　　　　　　　　　　　（a）　　　　　　　　　　　　　　　　　　　（b）

　　无论是堆砌组合，还是接触组合，都是线性的连续性组合。在类似的线性连续组合形态中，往往要充分利用形式美法则中的重复、近似、渐变、发射、空间、特异等一种或多种。

3. 贴加组合

　　贴加组合是将若干个体量较小的功能部件、装饰元素贴加在大的形体之上（图4-80）。

　　贴加组合的特征往往是局部凸起——即产品的功能和结构部件需要恰当地凸起在主要形态之上；同时，凸起的部分和主体之间有着明显的比例差距。

　　贴加组合的形式视结构、功能的需要而定，力求做到结合自然。

　　贴加组合还可以分为正形贴加和负形贴加两个类别。正形贴加组合的特征是局部凸起，凸起的部分即为"正形"。凸起的"正形"和主体之间既要有明显的比例差距，也要在功能和结构上兼顾产品的实际要求。负形贴加的特征是局部凹陷，这种凹陷的"负形"既是产品功能和结构的需要，也应该同时符合美学要求。如图4-81一类的电子产品的接口设计等，均属于负形贴加的方式。

图4-80　贴加组合　　　　　　　　　　　　　　图4-81　电子产品的接口

图4-82 两个造型迥异的形态镶嵌　　　　　　　　　　图4-83 多个形体的镶嵌组合

4. 镶嵌组合

镶嵌组合是指将一种形体嵌入到另一个形体之中的组合方式。在相互镶嵌的形体之间，可以有主次形态，也可以不分主次。

镶嵌组合的主要特征是主要形态之间相互咬合（图4-82）。镶嵌组合容易获得产品造型整体的强烈对比效果，但也可能因此产生整体风格不够统一、协调的问题（图4-83）。

镶嵌组合的形态可以有主次，但体量一般相差不太大，否则就更符合贴加组合的特征了。镶嵌组合从本质上来讲，就是大小近似的各种形状之间的组合；也正是这个原因，在产品设计中使用镶嵌组合比较容易造成整体造型的协调性问题。

为了规避这样的弊端，在使用镶嵌组合时应注意以下几点。

（1）避免在对整体性要求较高的产品中使用三种以上差异较大的形体。例如，在音响类产品的设计中经常见到方形和圆形的组合；但如果再加入第三种形体，则会面临很难协调的问题。

（2）在分体式框架产品中，镶嵌组合更为适用。例如，我们经常可以在自行车、摩托车中经常看到圆、方、三角等多种形体的组合，却不觉得突兀，其原因就是产品属于分体式的框架结构，各部分之间利用空间进行间隔，可以起到一定的调和作用。

5. 贯通组合

贯通组合是两个或两个以上的形态穿插在一起的组合。贯通组合具有结构感强、造型形态变化多样的特征，如果巧妙地结合功能，能取得很好的艺术效果。贯通组合的造型设计一定要符合生产工艺，满足注塑或铸造的工艺要求。

如图4-84的水壶造型，采用了贯通组合的形式——提梁和瓶嘴贯通组合在一起，效果奇趣。而图4-85中的产品利用了圆柱、圆环的贯通组合，形成了虚实有度的形式韵律感。

贯通组合比较适合结构性强的产品，设计史上的高技术派风格作品中，常见这种形体的组合方式。

贯通组合在产品设计的实际应用常见于一些强调结构的机械、乐器等产品中。

图4-84 水壶造型贯通组合

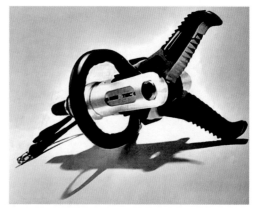

图4-85 工具设计中的贯通组合

二、产品形态设计的局部处理——镂空削减法

现代工业设计是典型的综合性学科，在产品形态塑造过程，糅合了众多的平面设计、空间设计的技巧与手法。其中，平面设计常用的正负形方法；建筑与空间设计工作中高频使用的正负空间技巧也是产品设计形态塑造中的常用手法。

为此，我们首先来了解正负形和负空间的概念。

1. 正负形的概念

正负形又称为鲁宾反转图形，特指正形和负形轮廓相互借用、相互适合、虚实转换、融为一体的图形。例如，在白色背景（如纸张等）下，所绘制的黑色图案可称为正形（也就是图），同时白色的背景则为负形（也就是地）。正、负形之间（也就是图与地之间）彼此以对方的边缘为轮廓，相互依存、相互连接、相互制约、相互映衬，使"图"与"地"之间呈现出一种能使图形出现双重意象，体现不同意义画面的特殊的组合形式。

因此，正形和负形不是绝对的，它们之间可以互为背景，也可以相互转换。

2. 平面设计中的正负形

正负形之所以称为鲁宾反转图形，原因如图4-86中的"鲁宾之杯"。该图在1915年以丹麦心理学家和现象学家鲁宾（Edgar John Rubin）的名字来命名。

首先，人们从图中看到的是黑色的杯子；其次，如果我们的视线集中在白色的负形上，又会浮现出两个人的脸形。这个图形的绘制利用了图地互换的原理，使图形的设计更加丰富完美。

然而，鲁宾反转图形并不是最早出现的正负形案例，更早、更为经典的例子实际上是中国的太极图（图4-87）。这源于中国道家古老的哲学理念，认为"万物负阴而抱阳"，即"阳"和"阴"互为对方存在的必要条件，一方消失则会导致另一方也消失。

在平面设计中，要充分运用好正负形，就要处理好"图"与"地"的关系（图4-88）。

无论是招贴、书籍、杂志、包装、DM广告、商业海报等，在进行版面设计时，首先涉及的就是"图地"关系。这既要抓住重点、突出主题，也要巧妙结合图形轮廓、特征等，并通过比较设定正形与负形。

图4-86 "鲁宾之杯"反转图形

图4-87 太极图

图4-88　图地关系

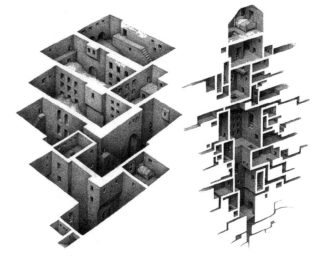

图4-89　《负空间图解》中的插图

3. 负空间的概念

在现代建筑与空间设计中，正负形的设计技巧应用也很广泛。在三维空间中运用这类技巧，相对于被各种材料所填满的三维形体而言，所形成的空白空间，我们可称之为负空间。

负空间自然是相对于正空间而言的。这里所说的正空间往往是指被实体材料所填充的三维空间。而负空间就是在正空间的基础上通过镂空、削减等方式，剔除实体材料后形成的。

马修·博瑞特（Matthew Borett）的《负空间图解》（图4-89）将空间称为正空间和负空间。当我们设计方案时，我们也可以改变我们惯有的想法，创造出一些消极却迷人的东西。

4. 建筑设计中的负空间

建筑设计领域的负空间，是通过掏空一个已经存在的实体而产生的。在原始时代挖出的洞穴就是一个典型的例子。在城市空间中，我们发现了同样的分类：负空间是指建筑之后剩下的开放空间，正空间则是在预先的计划下被有意设计的空间形状。

文森特·斯库利（Vincent Scully）指出，在中世纪，空间被认为是负空间，它是两个建筑物之间的间隔，或其中的空洞（如广场和街道）。

建筑师们对于负空间的设计追求，往往是要做到与正空间的自然融合，利用设计上的逆向思维，转变视角带来一种非常规的结果。即不去刻意追求视觉效果，设计与环境更相融的"消失的建筑"。

例如，日本当代建筑师安藤忠雄的代表作之一——光之教堂（图4-90），运用建筑负空间的设计方式，在墙面上开凿一个十字形的洞，营造出了特殊的光影效果。教堂整体低调，取材简单，设计也不复杂，却恰恰符合了当代建筑设计应该追求的空间上的统一和融合。

位于韩国某文化博览公园内的庆州塔（图4-91），是一座向韩国历史和文化致敬的现代玻璃和铝制纪念碑。这一目的是通过结合黄宁寺9层宝塔的逆轮廓来实现的。塔高

图4-90 光之教堂　　　　　　　　　　　　　　　　图4-91 韩国庆州塔

82米，其上部及左右两侧，是一片用于衬托宝塔轮廓形状的空白立面。在夜晚，通过黑暗的建筑框架及其背面光线的映衬，宝塔轮廓内的负空间瞬间便成了主角，创造出一个值得关注的厚重历史空间。

5. 产品设计中的负空间

（1）镂空。镂空是指将形体挖透，形成通透的视觉效果。镂空也可以叫挖空，可以是在同一形体上挖出通透区域，也可以是不同形体组合之后相互之间形成通透的空间。

运用镂空更多是出于美学的考虑，但也要结合功能的需要。巧妙地运用镂空，还可以达到节省材料、降低成本的目的。如图4-92所示，剪刀手柄上的镂空处兼具功能和造型的需要；水杯出水口盖子部分构成的镂空造型轻盈、灵动；削皮器把手上的镂空兼有节省材料和美学的作用。

镂空的产品在功能性方面体现出透光、透气、散热、减轻重量、节省材料等方面的优势。

典型案例是如图4-93所示的汽车轮毂设计。汽车轮毂既要提供足够的强度支撑，又要尽量减少其自身的重量，这两点通过镂空设计可以实现的同时，兼顾形式美感。

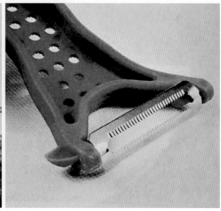

图4-92 工业产品中的镂空造型

图4-93　轮毂的镂空设计

图4-94　镂空的家具

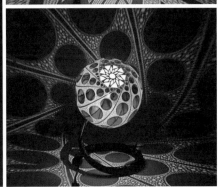

图4-95　镂空的饰品

对于包装设计而言，环保、成本等是最为敏感的设计因素。现代绿色设计倡导的"3R"设计原则——因而镂空在包装设计领域同样适用。3R原则中强调减少原材料及其他资源的使用，而镂空与3R中的Reduce（即减少资源消耗）的原则是高度一致的。

镂空的使用在产品设计领域中自古有之，在东西方的家具（图4-94）和饰品（图4-95）的设计中大量存在。这些镂空的设计除了在外观上展现通透的视觉感之外，更多是为了强化产品的功能。

（2）削减。

首先，挖出凹陷。这类削减法是将形体挖掉一部分，但不完全挖透，只是形成凹陷的局部造型空间。如图4-96所示的跑步机，其控件面板两侧修剪的凹陷空间与控制面板形成了正负空间的对比，同时也具有储物功能。

削减的深浅、形状多种多样，需要结合实际功能和美学的需要，因而实际的产品造型往往不拘一格，丰富多彩。如图4-97的无线发射器，在整体的造型上做了修剪的处理，形成的凹陷区域，既满足了功能的需要，也使得造型更轻巧。

图4-96　跑步机上的削减用法　　　　图4-97　无线发射器的凹陷造型

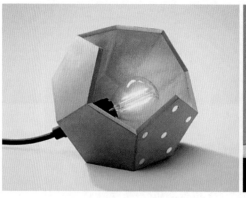

图4-98　用缺失感调动完形心理

其次，形成缺口（或缺失感）。这类削减法往往是在形体上（边缘、转角等）挖出缺口，从而打破原来形体四平八稳的刻板印象，让产品灵动多变。如图4-98的灯具和电器造型，设计师在其轮廓转角处巧妙地使用了消减形体的手法，造成了形体的缺失感，却让观察和使用者获得了更多的想象空间——这源于人们的"完形心理"。

综上所述，通过镂空、消减等设计手法，巧妙地将正负形、正负空间等运用于产品的外观形态设计可以获得的效果是多方面的。

（1）强化产品造型的视觉冲击力；

（2）使产品更富有趣味；

（3）优化产品的空间利用；

（4）更为简约的设计风格；

（5）符合绿色设计的理念等。

我们在实际观察中会发现，其实负空间为正空间提供了平衡，图案又映衬了留白的可贵。负形或负空间给了眼睛一个可以休息、放松的地方；也有能力给正向的形体和构造带来更好的关注或更准确的理解。负空间的存在，打破了空间变化的呆板界限，可以让我们更加辩证地去理解客观对象本身。

三、产品形态设计的局部处理——分割映衬法

在现代工业设计的审美价值层面，往往以简约、现代、明快的外观感觉为主流；在产品的操控界面（包括硬件界面、软件界面）设计方面，不事繁杂、突出功能与要点是主要的设计任务。

尤其是从六个视角去观察产品时，为了形成产品的外观特征，便于使用操作，进而与其他产品有足够的区分度，都需要在确定产品的整体轮廓之后，通过一系列的分割手法达到突出特点、提示使用的目的。

　　因此，对产品上较大的平面或体块进行分割，是产品形态外观设计过程中高频采用的处理方法。

　　通过分割的方法，优化分割之后各个部分的外观和功能定位，形成焦点、重点、次重点、背景等多层次的级别划分，可以达到突出视觉焦点、优化视觉流程、区分功能模块、提升视觉效果等多重目的。

　　这里所说的分割主要是指对产品上大的形体块面进行分割。分割的方法主要有凹槽分割、凸棱分割、颜色分割和材质分割等几种。

1. 凹槽分割

　　凹槽分割是指在形态表面以槽的形式将一块造型区域进行分割。凹槽的宽度没有固定的尺寸，需要根据实际效果做出调整。如图4-99的驱蚊器，它的底部设计了一个较宽的凹槽，凹槽内还设计了细小的孔，凹槽增加了凹凸效果，小孔则造成了虚实的效果。

　　再如图4-100中的条码打印机也使用了凹槽分割设计。将凹槽和结构衔接起来，凹槽的设计不是简单的平底槽，而是在槽的边缘倒了斜角，这使得产品的细节富于层次感。

　　凹槽分割还经常用于产品上不同外壳之间的装配（或拼接）边缘。这种情况下，凹槽被称为美工线或美工槽。

　　如图4-101所示的美工槽分割设计，其实际的作用包括了以下几点。

图4-99　驱蚊器

图4-100　条码打印机

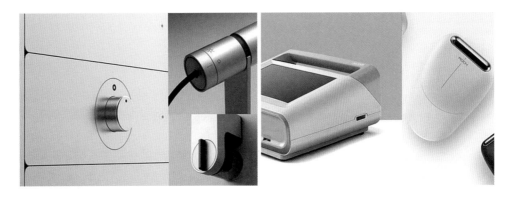

图4-101　产品外壳上的美工槽

（1）通过美工槽的分割，明确了产品外壳部件的装配关系。

（2）美工槽能有效地掩盖两个外壳部件因加工精度不足而导致的装配错位。这种错位在模具领域被称为断差。断差尺寸虽然较小，却很影响产品所呈现的品质感。

（3）凹槽状的美工线给外观带来细节的变化，打破了枯燥乏味感。

（4）装配边缘的凹槽美工线，为徒手拆装提供了便利。

2. 凸棱分割

凸棱分割是以添加凸起界限的方式，将一个大的造型区域分割开来。

凸棱的形态没有固定的规则，设计师根据整体设计的需要变化出各种凸棱分割的形式。

在一些电子产品设计中，设计师采用各种凸起的形状在产品主体的各个面上分割出丰富的局部造型，或区分出不同的功能区域——既让产品更好用，又能给人以一种富有层次的外观视觉。

而在汽车等产品的造型设计中，使用凸棱分割，既可以划分出独立、封闭的功能区域；也可以单纯以造型美感为追求（图4-102）。

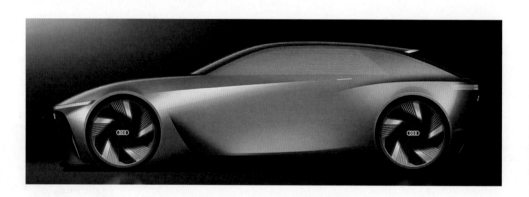

图4-102 汽车设计中的凸棱分割

凸棱的使用场景更多的见于外观以自由曲面为主的产品上，相反在规则的几何体上应用不多。

如果我们有意识地对比不同款式的汽车产品，并区分使用凸棱和不用凸棱的情况，就会发现更多使用了凸棱分割手法的汽车造型显得富有力量感、肌肉感、运动感；而较少运用凸棱的右侧产品则呈现出典雅、庄重、商务的气息。

3. 颜色分割

颜色分割虽然近乎平面设计，但区别于平面设计的是，产品造型设计师要面对的是一个三维的立体，是具有结构、材料和功能等多种因素的产品，不是一张平面的纸。

色彩分割的色彩搭配在美学规则上基本与平面设计是一致的，要遵循和谐、符合功能、贴近人的感受等原则。因此设计色彩方面的知识，在设计师运用颜色分割的方法进行产品外观塑造时是必不可少的。用优美的颜色块将整体造型分割开来，既丰满又有变化（图4-103）。

图4-103　各类产品的颜色分割

颜色分割的注意事项有以下几个。

与平面设计一样，在产品上通过颜色进行分割也需要遵循一定的配色规则、色彩规律；而不同于平面设计的是，产品的颜色不是纯粹的外观视觉问题，还带有相应的功能指向、标志性。

在同一件产品上，设计师需要有意识地去控制所用颜色的色相、面积等，避免产品陷入混乱俗套的配色。一般来说，色彩简约纯粹的产品显得上档次；而色彩艳丽混乱的产品容易显得低端俗套。

色彩的区分往往可以结合产品外观结构件的装配来进行。若在同一件产品的部件上实施颜色分割，则需通过特定的工艺技术手段，例如，套色丝印、遮挡喷涂、双色注塑（或二次注塑）等，但这类工艺也会在一定程度上提高产品的成本。

4. 材质分割

材质分割与颜色分割有相似之处，不同之处是对不同材料的理解和运用。苹果公司在材质的研究和使用方面堪称典范，乔布斯对产品的苛求同样体现在材质上——这使得苹果产品成为一种时尚。

材质分割可以是不同材料之间的区分，例如图4-104的"小熊"牌面包机，用材质分割出顶面造型，避免了整体造型的呆板，也凸显材质的华丽。

也可以是同一种材料表面肌理和质感的差异（图4-105）。例如，图4-106的"松下"牌照片打印机，用材质分割出一个矩形，既是功能的需要，也是美学的考虑。

图4-104　不同材料之间的材质差异

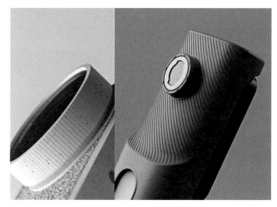

图4-105　同种材质上的纹理和质感差异

图4-106 "松下牌"照片打印机同一材质上的不同纹理

图4-107 "博世牌"电动工具产品中的二次注塑工艺

还可以通过成型技术来完成材质分割，例如，塑料可以用二次成型技术作为常用分割形式。如图4-107中的例子，用二次注塑成型工艺进行材质分割，在电动工具产品中很常见。

四、产品形态设计的局部处理——过渡协调法

在产品造型设计中，各个局部形态之间时常碰到交接和过渡的问题。当两种形态相遇时，其相互交接的部分是需要采取适当的处理方法的。

我国传统的紫砂制壶工艺中，在制作壶嘴、把手与壶身的衔接处时，有明接（图4-108）和暗接（图4-109）的区别，这也是造型交接、过渡的经验总结，在现代工业设计之中也有明显的借鉴意义。

同理，也可以将现代工业设计在处理产品不同部位和形态之间的方法分为明接和暗接两类。

对于明接而言，换个说法也就是可以清晰地看到两个形体之间衔接相交的线条，这类方法其实未必可以被称为是某种过渡，因为两个形体本身相交的直观效果就是最终的结果。细分一下，属于明接的包括直接、退台、斜角等集中方式。

图4-108 明接

图4-109 暗接

而暗接的方法是指两个形态相交时，无法清楚地看到交接的线条或边缘。这种情况往往是设计师采用曲面等形式作为过渡的区域。属于暗接的包括圆角、渐消面等过渡方式。

1. 直接

第一种处理的方法是两个形态直接相互交接，不经过任何过渡处理。这种情况往往是设计师认为无须采用其他的过渡形式。如图4-110中旋钮和仪表盘之间没有任何过渡，整体感觉简单明了；而图4-111中的台灯上柱形和半球之间直接相交，无过渡的形式有很强的现代感。

并不是任何时候两种形态相交，都可以不经过协调和过渡的。适用直接的产品形态设计必须满足以下一些条件：

（1）产品的设计风格设定较为简洁、明快、硬朗；

（2）产品中两种形态相交时，能够自然形成清晰、完整、美观的交接边界；

（3）两个形体之间可以存在明显的视觉区分。

2. 退台

第二种处理形体过渡的方法是退台过渡法。

当两个形体相遇时，从一个形体到另外一个形体之间，采用逐级退台的方法连接起来也是常用的过渡方法之一。逐级退台增加了缓冲，也增加了层次（图4-112）。

实际上退台过渡，从本质上来看应该属于一种渐变式的过渡方式。它是在两个形体相遇之时，在大小、高低、厚薄、角度等方面逐级变化的方法，形成一种阶梯式逐渐变化的方法。退台过渡通过设置数个阶梯，调和了两个形体之间的落差的同时，往往也增加了外观的复杂程度（图4-113）。

3. 斜角

斜角过渡，是指两个形体相遇时，通过倒斜角面的方式进行衔接。

用斜角过渡也是在两个截然不同的形态进行衔接的一种方法。如图4-114，洗发香波的瓶体和瓶口之间用了斜角过渡。斜角过渡也可以在一个正形和一个负形之间过渡。如图4-115中的音箱，主体的方形（正形）和扬声器的圆孔（负形）之间用斜角过渡。

图4-110　旋钮和仪表盘的直接过渡

图4-111　台灯上柱形和半球之间直接相交

图4-112　手电筒外形的逐级退台设计

图4-113　咖啡机形体的退台设计

图4-114　洗发水瓶体的斜角过渡

图4-115　音箱造型上的斜角处理

斜角的作用除了可以在有落差的形体之间形成较好的过渡效果外，还有以下几个方面的好处。

（1）斜角可以去除毛刺，使得产品的转角、边缘光亮、美观。

（2）斜角可用于防止工件边缘的锋口伤人，这一点尤其是在金属、陶瓷等坚硬材料上作用明显。

（3）有斜角的零部件装配更容易，因此一般在工件加工结束之前进行倒斜角的操作。例如，在农机零件上，特别是圆形配件和圆孔的端面等，往往加工成45°左右的斜角。

4．圆角

圆角过渡是指当两个形体相遇时，采用在相交的边缘倒圆角的方式来处理衔接问题。

采用圆角过渡的原因：一方面是为了避免直接生硬的转折所可能造成的视觉突兀感；另一方面，则是可以避免过于锋利的边缘所可能带来的安全隐患。

圆角过渡的适应性很强，两个标准几何体相遇可以用圆角过渡（图4-116）；两个自由曲面相遇时，也可以用圆角过渡（图4-117）。

在大自然中，绝对的锋利尖角并不存在，可以说所有的现实物体都是经过圆角处理

图4-116　电吹风的主体和把手的圆角过渡

图4-117　自由曲面的圆角过渡

图4-118　用油泥模型处理渐消面　　　　　　　　图4-119　汽车设计中渐消面的运用

的，只不过有些圆角的尺寸过小而已。因此，圆角过渡可以说是形态衔接之间的最为常用的一种方法了。正是因为它高度符合自然界的适应性，因此在几乎任意两个形体之间采用合适尺寸的圆角过渡，都不会显得突兀。

　　采用圆角过渡时，最需要考虑的因素往往不是是否用圆角的问题，而是使用何种尺寸与比例的问题。苹果手机设计中，著名的"2.5D"屏幕设计，为圆角的使用做了一个颇为经典的注解。

5. 渐消

　　渐消过渡，又称为渐消面过渡，是指两个或两个以上的曲面相遇时，相交部分在某一个集合点逐渐消失为一个面，这种方法如今在很多产品的造型中都有运用。渐消面之所以受到欢迎，正是因为其微妙的曲面变化，能够提供一种丰富的视觉效果，并给人以细腻、美好的艺术感受。

　　由于渐消面的曲面变化非常微妙复杂，因此，在实际设计时往往要通过油泥模型（图4-118）或电脑三维软件（图4-119）来反复推敲，最终获得理想的渐消面造型。

　　过去，交通工具设计领域使用渐消过渡最为频繁。这源于飞行器、车辆、船舶等对于提高速度、降低行驶阻力的追求。当代工业设计将渐消面更多地融入了日常用品的设计之中，使其一度成为高档产品外观品质的象征。

　　渐消面在加工制作方面，对于精度有一定要求，但总体来说并不形成技术障碍，现在包括注塑、CNC等在内的大批量制作手段均能完成渐消面的制作。

　　在实际的产品设计实践中，形态设计的过渡和协调方法还不仅限于上述的几种。作为产品设计师，形态的处理永远需要与产品的实用因素取得一个平衡。

　　设计师需要在实际产品设计项目中根据实际情况，灵活选用合适的形体过渡和协调方式，通过一种或数种方式的组合，最终完全达到设计目标。

随堂练习

　　（1）形态特征的收集、归纳和整理：分别收集几何形、流线型、自由曲面形的工业产品图片各5件以上；要求图片清晰，并从造型角度作简要的分析说明。

　　（2）以小组为单位，分别度量餐具、家电、家具、汽车和成年人体的主要尺寸；并总结四类产品与人体尺寸的对应关系。

　　（3）以小组为单位，利用石膏、油泥或泡沫塑料等材料，分别制作几何型、流线型、自由曲面形的产品外观模型各一个，体会不同形体特征处理手法的差异。

第五章

色彩与材质

教学内容： 1. 色彩基本理论知识

2. 材料与质感

3. CMF与产品设计

教学目标： 1. 了解色彩基本理论知识

2. 了解材料与质感在产品设计中的应用

3. 理解产品CMF设计的主要领域和工作内容

授课方式： 多媒体教学，理论与设计案例相互结合讲解，设置课堂思考题

建议学时： 4～6学时

第一节　色彩与设计

一、光与色彩

1. 光的传播与色彩

光色并存，有光才有色。色彩呈现是离不开光传播的。

可见光：光在物理学上被定义为一种电磁波。波长在0.39～0.77微米之间的电磁波，才能引起人们的色彩视觉感受。因此，该范围内被称为可见光谱（图5-1）。

波长大于0.77微米称红外线；波长小于0.39称紫外线。

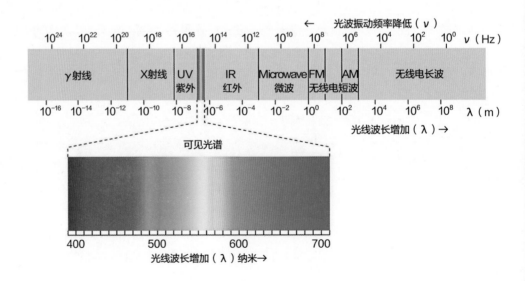

图5-1　可见光的波长分布区间

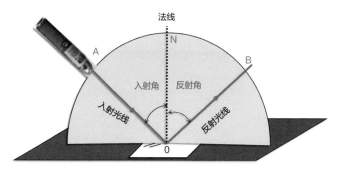

图5-2 光的反射

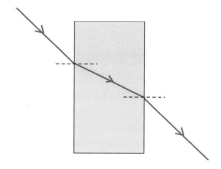

图5-3 光的折射

光在传播时有直射、反射、透射、漫射、折射等多种形式。光直射入人眼，视觉感受到的是光源色。

当光源直接照射物体时，光从物体表面反射到人眼，眼睛感受到的是物体的表面色彩（图5-2）；当光照射时，如遇玻璃之类的透明物体，人眼看到的是透过物体的穿透色，即折射光线（图5-3）。

2. 色彩三属性及其产生

光以波的形式的传播形成不同的色彩——其中波长和振幅，是波动式传播的两大关键参数。

简单来说，不同光波的波长差异，产生了不同的色相；不同光波振幅的强弱，产生了同一色相下的明暗差别；不同波长的光线混合，又形成了不同色相之间的混合，从而造成色彩的纯度差异。

（1）色相。色相是指色光由于光波长，频率的不同而形成的特定色彩性质，也有人把它叫作色阶、色纯、彩度、色别、色质、色调等。其按照太阳光谱的次序把色相排列在一个圆环上，并使其首尾衔接，称为色相环。它们再按照相等的色彩差别分为若干主要色相，这就是红、橙、黄、绿、青、紫等主要色相（图5-4）。

（2）明度。明度是指物体反射出来的光波数量的多少，即光波的强度，它决定了颜色的深浅程度。通俗地讲，人们觉得亮度高的颜色其明度就高；相反，人们觉得亮度低（暗）的颜色明度就低（图5-5）。

通常将"从白到灰，再到黑"的非彩色划成若干明度不同的阶梯，并将其作为比较其他各种颜色亮度标准的明度色阶。

（3）纯度。纯度又称"饱和度"，是指物体反射光波频率的纯净程度，频率的单一或混杂程度决定了所产生颜色的鲜明程度。也有称为：饱和度、彩度、色纯、色度、色阶的。单一频率的色光纯度越高，也就意味着物体颜色越接近光谱中红、橙、黄、绿、青、蓝、紫系列中的某一种色相，其纯度就越高；相反，如果颜色纯度越低时，就越接近黑、白、灰这些无彩色系列的颜色（图5-6）。

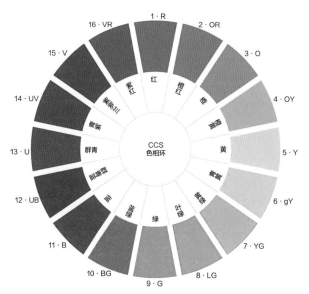

图5-4 色相环

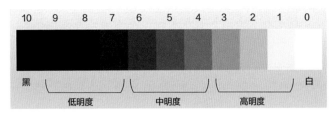

图5-5　明度色阶

图5-6　纯度阶梯

3. 三原色

三原色分为两种：光学三原色和颜料三原色。

光学三原色（RGB）包括红、绿、蓝（图5-7）这三种纯度最高的色彩。

红、绿、蓝这三种色光混合后，可以形成其他不同的色彩；光学三原色同时相加形成白色，白色属于无色系（黑白灰）中的一种。光学三原色的混合，其实就是各类彩色显示屏的颜色显示的基本原理。

颜料三原色（CMYK）中其实包括品红、黄、青、黑（图5-8）这四种颜色。

品红、黄、青被称为颜料三原色。由于这三种颜色同时混合，只能形成较深的灰色而得不到黑色，因此需要增加黑色，才能形成更为完整的全色谱。品红、黄、青、黑这四种颜料可以混合出除了白色之外的所有颜料的颜色。需要注意是这里的青不是蓝——因为蓝是品红和青混合的颜色。

白色和黑色，都归属于颜料三原色之外的无色系。

图5-7　光学三原色

图5-8　颜料三原色

二、色立体与色彩对比

1. 什么是色立体

色立体是依据色彩的色相、明度、纯度三者的变化关系，借助三维空间，用旋转直角坐标的方法，组成一个类似球体的立体模型。

它的结构类似于地球仪的形状：北极为白色，南极为黑色，连接南北两极贯穿中心的轴为明度标轴，北半球是明色系，南半球是深色系。而色相环的位置则赤道线上，球面一点到中心轴的垂直线，表示纯度系列标准，越近中心，纯度越低，球中心为正灰色。

2. 色立体的分类与应用

色立体有多种，每一种色立体，都代表一种色彩体系。

美国的蒙赛尔色立体为球形（图5-9）。沿非彩色轴纵切色立体所得断面表示互为补色的两个色相，同一色相上，外侧为清色，内侧为浊色。断面上部有明度更高的颜色，而下部则有明度更低的颜色，越接近外侧，纯度就越高。

蒙赛尔色立体的色相环是以红（R）、黄（Y）、绿（G）、蓝（B）、紫（P）5色为基础，再加上它们的中间色黄红（YR）、蓝绿（BG）、蓝紫（BP）、红紫（RP）作为10个主要色相，每一种色相还可以细分为10等份，如此共得到100个色相，个色相的第5号，即5R、5RY、5Y为该色相的代表色相，分别置于直径两端的色相，呈现补色关系。

德国的奥斯特瓦尔德色立体（图5-10）为两圆锥重叠的算珠形。奥斯特瓦尔德（Ostwald）（又译为：奥斯华德）体系的色相环以8色相为基础，每一个色相再分为三色，共24个色相。其明度阶梯由白到黑，并以无彩色阶梯为其中一条边，纯度最高的色彩位于三角形的另一顶点——这样就形成了一个等边三角形。这个三角形的每条边上，均依据黑白色的量变逐渐变化（纯度变化），形成8个颜色。奥斯特瓦尔德色立体系是一种秩序严密的系统，用于配色等实际应用时非常方便。

日本色彩研究所色立体为椭圆形（图5-11）。日本1978年12月出版了一套颜色样卡，包括5000种颜色。它遵循了蒙赛尔色彩图谱的命名方式，但考虑到蒙氏色立体中的40个色相，不能满足实际上的需要，尤其是在R到Y和PB区间。因而又增加了1.25R，6.25R，1.25YR，3.75YR，8.75YR，6.25Y，3.75PB，6.25PB等8个色相，总共48个色相，光值即明度，分为10个等级，每个等级为0.5，即由1～9.5，纯度分14个等级，每级差为1，即由1～14。

色立体有多种应用，主要应用领域包括：色彩教育、色彩的信息传达、测试度量颜色、开发色彩设计的工具、色料的工业生产与管理。

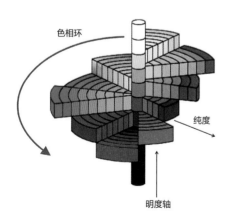

图5-9 蒙赛尔色立体

图5-10 奥斯特瓦尔德色立体

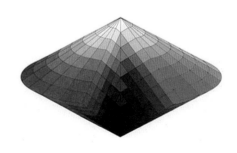

（a）PCCS体系之色立体

（b）PCCS体系色立体之结构

图5-11 日本色立体

图5-12 色相对比

3. 色彩的七种对比

色彩的魅力往往是对比出来的，而色彩的对比是多方面的，主要可以归纳为以下七种，即色相对比、明度对比、冷暖对比、补色对比、同色对比、色度对比和面积对比。

（1）色相对比。色相对比（图5-12）是因为颜色与颜色之间最显著的差别。色相对比越强烈，色彩效果越鲜明，对感官刺激越大。红、黄、蓝三原色是最原始、最典型的色相对比。

（2）明度对比。明度对比指黑、白、灰之间的关系，也是常说的素描关系。黑、白两极之间的色阶非常明确，容易分辨。依明度关系分画面呈现高调、中调、低调之分（图5-13）。

明度对比是构成色彩中层次感、体积感、空间感、重量感的重要因素，从画面层次感、空间感的角度理解，明度关系使前景亮、远景暗；受光近的亮、受光远的暗。从体积感和重量感理解，越深的色调越重，越亮的色调越轻；层次越丰富的色调，体积感越强，层次越简单的色调体积感越弱。

（3）纯度对比。纯度对比也称色度对比，即强烈和暗淡色彩之间的对比（图5-14）。纯度较高的色彩是三原色，加入相近的同类色也有较高的纯度。

暗淡的色彩是加入了黑、白、灰或对比色，使色彩的纯度降低。由不同色相、色性、明度、纯度等色彩组成的画面，它们之间产生不同程度的对比，形成画面的整体效果，一般较为常见。但此类对比，应该把一种色相作为主导色，把一种对比作为主要对比来统一全局，防止过于分

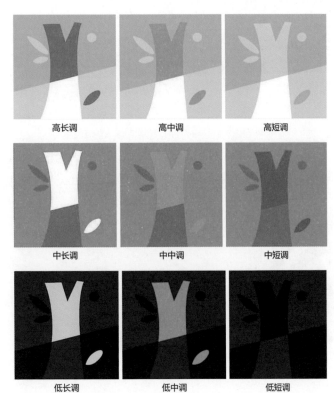

高长调	高中调	高短调
中长调	中中调	中短调
低长调	低中调	低短调

图5-13 明度对比

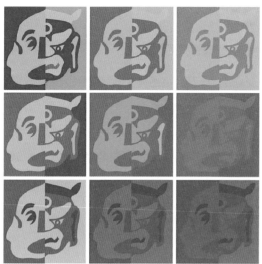

图5-14　纯度对比

图5-15　冷暖对比

散和杂乱。

（4）冷暖对比。色彩有冷暖之分（图5-15）。冷色泛指蓝绿色系，暖色指红黄色系，然而冷暖对比不是绝对的，关键取决于它同更冷的还是更暖的色相来比较。冷暖对比在色彩运用当中极为重要，也是色彩的研究的关键所在。从色彩自身的功能来看，红、橙黄色使观者心跳加快、血压升高，所以产生热的感觉。蓝、蓝绿、蓝紫色能使观察者血压低、心跳慢，产生冷的感觉。色彩在冷暖感觉是色彩的物理、生理、心理及色彩本身综合性因素决定的。

（5）补色对比。所谓补色的对比是指看到任何一种特定颜色，眼睛都会同时产生对其补色的需要。一张白纸单独看是白色，放在红纸上会感觉含绿、放在绿色纸上会感觉含红。在色相对比中，色彩互相联系、衬托、补充，也叫互补色。补色对比搭配可构成互补色调，互补色相色调的色相感比对比色相色调效果要更强烈、更丰富、更完美、更有刺激性。互补色调能满足视觉感受的要求，取得视觉生理上的平衡。

补色对比最强的是红与绿、黄与紫、蓝与橙，其他次之（图5-16）。

（6）同色对比。同色对比是色彩美学的核心。没有同色对比就没有色彩的互补规律，也没有色彩的和谐。同色对比中因纯度的强弱不同而形成对比，属"同类色对比"的色调（图5-17）。在观察和区别这类色彩时必须进行比较，区别出其色相的细微差别，而且注意其明度和纯度。不然，容易画得色彩雷同。一般来说，不

图5-16　补色对比

同色相或色相距离大的容易区别，而同类色接近的区分较难，通过这类训练，可以提高观察力和表现力。

（7）面积对比。面积对比是大与小的对比（图5-18）。面积对比不能单纯从体量上进行比较，要注意色彩视觉效果的均衡问题，而均衡度又随色彩明度的变化而变化。

面积对比实质上是一幅作品中所含的色彩数量的比例对比。调节面积的大小可以取得的色彩对比强弱、色彩的韵律节奏以及视觉上力的平衡。

面积对比是具有结构性的，它是整个画面明暗结构和色彩结构的重要组成部分。由于面积对比所起的重要作用，因此在构图时需要优先考虑。

图5-17　同色对比

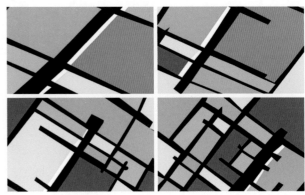

图5-18　面积对比

三、色彩混合与配色

1. 色彩混合

所谓色彩混合，是指某一色彩中混入另一种色彩。经验表明，两种不同的色彩混合，可获得第三种色彩。在颜料的混合中，加入的色彩愈多，则获得的颜色越暗，最终变为黑色。而在色光的混合中，加入的色彩越多，则色彩越亮，三原色能通过混合产生最亮的白色光（图5-19）。

（1）加光混合（RGB模式）。将光源体辐射的光合照于一处，可以产生出新的色光。

例如，处于黑暗中的一堵墙，没有光照时，人眼看不到。墙面只被红光照亮时呈红色，只被绿光照亮时呈绿色，红绿光同时照的墙面则呈黄色，而这黄色的色相与纯度便在红绿色之间，其亮度高于红，也高于绿，接近红绿亮度之和、由于投照光混合之后变亮了，所以称为加光混合（图5-20）。

从投照光混合的实验中可以知道：红（R）、绿（G）、蓝（B）三种色光是原色光；用原色光混合，又可以混合出黄、青、紫三种间色光。一种原色光和另外两种原色光混合出的间色光，称为互补色光。如绿和紫、黄与蓝、红与青，这三组都是互补色光；而互补色光依照一定的比例混合，可以得到白色光。

在等量的色光混合下，可以使用以下公式，即：

R+G=Y、R+B=P、G+B=C、R+G+B=W ……（图5-21）

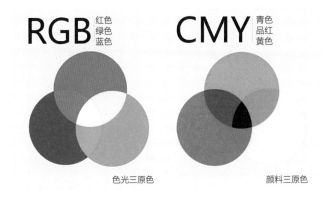

图5-19 两种三原色的混合

图5-20 加光混合

（2）减光混合（CMYK模式）。减光混合是指不能发光，却能将照来的光吸掉一部分，并将剩下的光反射出去的色料的混合（图5-22）。

色料不同，其吸收色光的频率与亮度的能力也不同。色料混合之后形成的新色料，一般都能增强吸光的能力，从而削弱反光的亮度。

在投照光不变的条件下，新色料的反光能力低于混合前的色料的反光能力的平均数；因此，新色料的明度降低了，纯度也降低了，所以称为减光混合。

减光混合分色料的直接混合与透明色料的叠置混合两种方式。色料直接混合的三原色是品红（M：玫红，不含黄色的红），柠檬黄（Y）和天蓝（C：青，绝对不含黄和红色）。

每两个原色依不同比例混合，可以化为若干间色，其中橙、绿、紫是典型的间色（图5-23）。

以减光混合的间色纯度往往不够高，在实际工作中，往往依靠化工厂生产的纯度更高的间色，而不用减光混合间色。

三个原色一起混合出的新色称为复色。一个原色与另外两个原色混合出的间色相混，也称为复色。复色种类很多，纯度比较低，色相不鲜明。三原色按照一定比例可以调出黑色（K）或深灰色。一种原色与其相对立的间色用均等的分量，也可以调出黑色或深灰色——这两种颜色就被称为"色料无补色"。

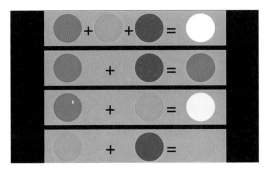

图5-21 加光混合规律

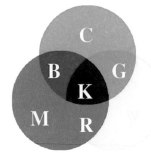

图5-22 减光混合

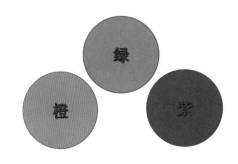

图5-23 三种间色

在等量的颜料混合下，可以使用以下公式，即：

C+M=B、Y+C=G、M+Y=R、M+Y+C=K……

以下，我们列表比较一下加色法与减色法（表5-1）。

表5-1 加色法与减色法比较

混合法	加色法	减色法
原色	色光	色料
原色色相	红（R）、绿（G）、蓝（B）	品红、黄、青（M、Y、C）
原色与色谱关系	每一原色仅辐射一个光谱区色光	每一原色吸收一个光谱区色光，反射两个光谱区色光
颜色混合时色彩的基本变化规律	红＋绿＝黄 蓝＋红＝紫 绿＋蓝＝青 红＋绿＋蓝＝白	青＋品红＝蓝 黄＋青＝绿 品红＋黄＝红 品红＋黄＋青＝黑
混合效果	光源之间混合，新颜色的亮度为各光的亮度和，颜色饱和	两原色叠合新颜色的亮度降低，彩度降低
用途	颜色的测量和匹配 彩色电视 剧场照明	对彩色原稿的分色 彩色印刷 颜色混合

2. 色卡

设计师日常的配色工作中，往往离不开色卡；色卡的开发涉及不少知名的品牌及研发机构。其中，潘通（PANTONE）色卡是享誉行业多年的一种（图5-24）。

潘通色卡以其专业、持续的色彩研究与发布，成为享誉世界的色彩权威。它的应用涵盖印刷、纺织、塑胶、绘图、数码科技等领域，是一套完善的色彩沟通系统，并已经成为当今国际上色彩信息交流的一种统一标准语言。

除此之外，近些年流行的马卡龙色系（图5-25、图5-26），莫兰迪色系（图5-27、图5-28）等，也都有相应的色卡推出。设计师可以依据设计任务或目标的不同，加以选用和参考。

马卡龙色系指的是低饱和度的色系，如淡粉、粉蓝、淡黄、薄荷绿等。

而且马卡龙色系透着一股青春的气息，可谓是一种少女心满满的色系。因此，马卡龙色系一直受到人们的青睐与喜爱。

莫兰迪色系在用色上，避免运用大亮大暗的颜色去对人们造成视觉上的冲击，相反，他更偏向于降低颜色的纯度，虽然让画面偏灰，但是却没有失去应有的美感，反而将物品朴素发挥到极致，发散出宁静与神秘的气息。

图5-24 潘通色卡

图5-25　马卡龙色系　　　　　　　　　　　　　图5-26　马卡龙色系的糕点

莫兰迪色系

图5-27　莫兰迪色系

图5-28　莫兰迪色的室内设计

第二节　材料与质感

一、材料的质感与肌理

1. 材料的视觉特质

虽然色彩是由于光的传播而产生的。但是在现实世界当中，色彩并不是决定材料视觉特质的唯一属性；每一种材料自身的材质特性，也是决定其以何种感觉呈现于人的视觉之中的另一关键因素。

任意一种材料在进入人的视线之后，也自然地传达了除颜色之外的其他因素，如表面的质感、肌理等一系列体现视觉效果的特质。

2. 质感、肌理的联系和区分

在产品设计当中，材料的质感和肌理是经常被应用的材料特质。同时，在人们的认知习惯上，这两个概念依然存在着一定的模糊和混淆。从一些做专门研究的论文中我们可以看到，大部分人倾向于将材料的质感（图5-29）范畴划分为：质地、软硬、色彩、光泽度等内容。

材料的肌理范畴（图5-30）包括：纹理、图案、形状、凹凸、粗细、糙滑等视觉因素。

图5-29　材料的质感

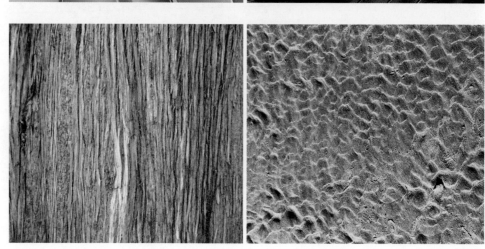

图5-30　材料的肌理

而其中的起伏、凹凸、粗细、糙滑等因素，也我们可以理解为触觉肌理（图5-31）。而纹理、图案、形状等因素可以看到，却往往不一定能通过触摸感受到，就是视觉肌理了。

针对触觉肌理和视觉肌理两部分，我们可以在设计当中，有目的、有区分度地加以利用。

同时我们也应该认识到，触觉和视觉是人类获取信息的重要途径，长期以来，人们已经对事物的认知形成了丰富的视、触觉经验。但由于这两种经验长期相互感受、相互交融，大量的触觉经验内化为了视觉经验；而视觉经验，在很多过程当中也已经可以直接关联为触觉经验——这就使得人们很难完全区分清楚某些肌理或质感到底是属于触觉还是视觉属性为主。

这种存在于视觉、触觉等感知觉能力之间的相互影响、相互提示、相互印证的能力，也有一个特定的称呼，就是通感（图5-32）。

3. 质感与肌理的设计应用

每一种特定的材料，都一般是综合了四种物理属性，即硬度、密度、粗糙度、温度；同时还具备四种视觉特性，即肌理、色彩、光泽度、透明度。

通过接触和使用，不同的材料在人们的心理上会触发各种体会、印象和感受——这些就是构成产品设计之中的不同材质的视觉与触觉内涵属性、引发相应的感觉和情绪的重要因素。

这些人们对不同材质的感觉，都是产品设计过程中应该善加利用的设计因素。

例如图5-33中的木质材料，由于硬度适中，表面有天然的纹理且导热性能弱，所以就在人们的印象中形成了自然、朴实、温暖、粗糙、亲切、感性的特征。而皮革材料，

图5-31 触觉肌理　　　　　　　　　图5-32 触觉与视觉的通感

图5-33 木材、皮革、陶瓷的质感对比

由于其天然的凹凸、肌理，给人以柔软、感性、温暖、高贵的感觉。由于其表面细腻光滑的质感，陶瓷给人以明亮、精致、凉爽、高雅的感受。

金属材质容易形成一种有分量、坚硬、刚强、科技、现代的感觉。玻璃材质的表面光滑坚硬，而且具备很好的透光性，因此使用玻璃材质容易让产品呈现明亮、高雅、精致、活泼、科技等品质感。常用的各种塑料，则通常呈现出轻巧、细腻、优雅、艳丽的工业感（图5-34）。

在产品设计的过程中，选用不同质感和肌理的材料的目的往往不仅仅为了体现产品本身的外观美感；同时体现了产品的功能性、易用性、价值感、品牌属性等一系列的设计诉求。在一些特定产品的设计中，材料选择正确与否，甚至决定了该产品的主要功能的实现效能和效果（图5-35）。

图5-34　金属、玻璃、塑料

图5-35　汽车产品的质感与肌理

二、材质、工艺与设计

1. 材料与设计

对材料的理解和认知过程，一直伴随着人类造物与创新的实践。以家具中的座椅为例，其设计、造型的变化与材料及其技术的应用发展是相互影响、相互促进、相互制约的。

例如，图5-36中的明式椅，所用木料多为紫檀木、黄花梨、红木、乌木等取自大自然的材料，经烫蜡打磨等工艺之后，呈现出了表面光亮如镜且自然华美的纹理，形成一种含蓄深沉的东方美感。这既是明式家具的匠心体现，也源于明代的材料及其工艺技术的能力。

1925年，谢尔·布鲁耶（Marcel Breuer）设计并制造出了世界上第一张以标准件

图5-36 明式椅

图5-37 布鲁耶与"瓦西里椅"

图5-38 "潘顿椅"

构成的钢管椅——"瓦西里椅"(图5-37)。这标志着钢管、帆布等材料在家具设计领域的应用,引领了家具设计新的改革。

同样,随着高分子材料技术的发展,维纳·潘顿(Verner Panton)设计的"潘顿椅"(图5-38),采用了塑料一次性成型的新技术,并将简洁优美的造型、艳丽的色彩赋予了塑料椅的生产制造之中。"潘顿椅"的诞生,再次完美地诠释了材料技术对于设计的深远影响。

2. 材料是设计创新的物质基础

所有的产品,均是由某些材料经过必要的加工工艺而最终形成的。一件完美的产品则必须达到功能、形态和材料这三个要素的和谐统一；因此也必须是在综合考虑材料、结构、生产工艺等物质生产技术条件的前提下，才能实现。

材料不仅是产品功能设计的处理对象，同样也是形式设计的主要处理对象。这是因为材料不仅能维持产品的功能形态，而且是直接被产品使用者所视及、触及的唯一对象。所以，在产品设计中，材料是用以构成产品，且不依赖于人的意识而客观存在的物质基础；无论是传统材料还是现代材料、天然材料还是人工材料、单一材料还是复合材料，均是工业设计师发挥创造性才能的物质前提。

因此在产品设计中，材料不仅要完美地匹配功能设计；更要与形态设计取得良好的匹配关系。随着时代的发展，以纳米材料等为代表的技术发展日新月异。现代设计更是要将社会所可能提供的新材料、新技术、新工艺等加以创造性地运用，才能使之满足人类日益增长的物质和精神需求。

3. 设计与材料成型工艺

设计的实现，离不开各种材料；而为了将不同的材料做成不同的产品形态与结构，也就离不开相应的成型工艺技术。

不同材料的成分与种类差异很大，但材料的状态却也有共性。这就是：随着温度的变化，任何材料都必然呈现为固态（包含玻璃态、高弹态）、液态、气态等这几种状态中的一种。人们结合自身的社会生产实践，逐步地总结出了可以针对不同状态下的材料去实施的不同的成型加工工艺。

首先，在固态下，又可以区分为两种情况。

（1）玻璃态指的是材料处于一种凝固的、有强度、有刚性的物质状态。如果要针对处于这种状态下的材料直接加工成型，则必须使用物理加工法。所谓物理加工，包括了传统的手工，然而对工业产品而言，更典型的是包括车、铣、刨、磨、钻、锯、镗等在内的机械加工。

（2）高弹态的物质呈现出的是一种富有弹性的、柔韧、易变形的状态（类似于气球）。例如吹塑（图5-39）、吸塑、热压、热弯等成型工艺，就是合理地利用了这种状态

图5-39　吹塑制品

下材料的"富有弹性、易变形"的特性。实际上，金属在高温条件下的锻造，也是采用了类似的材料高弹态特性。

其次，在常温下呈现固态的材料，通过加热到熔点以上的温度，就能转变为黏流态（液态）。而随着温度的降低，又往往会恢复为固态。

以塑料为例，通过加热可以将粒子状态的塑料熔融为黏流态。在黏流态的状态下，可以通过注塑成型、挤出成型、滚塑成型等方法获得想要的塑料产品外形。

若是金属材料，通过高温加热也可以获得黏流态。而金属在黏流态之下，则可通过铸造（图5-40）的方式来获得想要的形状。最早的铸造为"砂型铸造"，后来发展出熔模铸造、压力铸造等工艺方法。

最后，通过气态成型的材料较少，多用于表面处理。例如真空镀工艺，细分下来又包括真空蒸镀、真空溅镀等。

图5-40 铸造

4. 设计与材料表面处理

设计的目的，往往是要通过材料来传递某种视觉感受和功能特质。材料的表面状态，往往在很大程度上决定了其所传递出的视觉感受的差异。

材料的表面处理，就是要根据不同的产品设计诉求，达到改变材料表面的视觉、质感、性能甚至材料种类的目的。

所谓改变材料表面质感，指的是通过特定的工艺，获得材料表面不同的质感和肌理，达到新的视、触觉效果。典型的工艺包括：抛光、打磨、喷砂、咬花、蚀纹等。

改变材料表面性能，意味着通过特定的工艺，达到使材料的表面硬度、耐磨性等得到变化。例如，金属的淬火处理使得表面的硬度明显增加；亚克力的表面硬化处理使得有机玻璃更耐磨等。

改变表面材料种类的工艺我们又称为"表面被覆"类工艺。这样的表面处理方式，是在原先材料的表面通过各种技术手段去覆盖一层其他材料的薄膜。因为材料改变了，故而可以完全改变表面的视觉和物理特性。此类工艺中典型的有：喷漆、电镀、氧化等。

好的设计从来不是单纯技术的推陈出新，而是体现在对成熟技术的巧妙运用。设计师的工程技术素养，也是设计师综合素养和能力的重要体现。一名有经验的设计师，不仅能对其常用的材料、成型技术、表面处理等都耳熟能详；尤其在使用的时候，也能信手拈来——这无疑极大地提升了产品设计的效率和效果，绝对是设计能力的重要指标。

三、CMF设计与流行趋势

CMF全写为 Color，Material和Finishing，是一个专门研究产品的色彩、材料的成型和表面处理工艺的领域，有时也会扩展为CMFT（T代表的是Trend）（图5-41）。

CMF是一个专注于色彩，材料和表面处理开发的专业领域。这包括了此类工艺的趋势研究、材料研发和工艺流程分析、生产实施策略、创造性思维等内容。某种意义上，CMF就是研究如何在产品的表面"下功夫"，从而让产品具备更强的魅力和竞争优势。

图5-41　CMF样品

1. 颜色

随着经济全球化和数字化技术的发展，产品的同质化越来越严重，消费者的审美眼光越来越高。对产品的选择不只是注重功能，在形态、材质，尤其是色彩的运用搭配上正变得越来越挑剔。

色彩作为最显眼的视觉语言和消费的情感符号，成为用户最关注的产品外在品质之一，因此逐渐受到了制造业的重点关注。把技术和美学完美结合，既满足了消费者追逐时尚和个性化的市场需求，又给制造企业创造了可观的附加价值，本就是工业设计的核心任务和产业使命。而色彩几乎是改变起来成本最可控、效果最立竿见影的因素了。

以美国的PPG公司对汽车流行色（图5-42）的趋势研究为例。

根据PPG的数据，白色是2014年最受欢迎的汽车颜色；而黑色（17%）、银色（12%）分别位列第二、三位。

而在随后的2015年的亚太地区，白色仍然是最主流的汽车色彩，其占比由2014年的31%上升到44%；紧随其后的是黑色（占16%，同比下降4%）、自然色和银色（占比均为10%）以及灰色（占7%）。

图5-42　汽车流行色彩

此外，PPG还对美国及欧洲地区的消费者进行了调查，约3/5（59%）的受访者表示，颜色是决定其购车意向的主要因素。有超过半数的受访者表示，如果最心仪的颜色缺货，他们宁可等到有货了再买，也不会转而购买其他颜色的——这些市场表现无一不是充分体现了色彩因素的重要性！

2. 材质

材质是材料的表面各种可视属性的结合。材质这个词汇，我们也可以一定程度上理解为材料的质地与用户的视觉和触觉感受的结合。

这些可视属性是指表面的色彩、纹理（图5-43）、光滑（泽）度、透明度、反射率、折射率、发光度等。正是有了这些属性，才能让我们识别三维中的模型是什么做成的，也正是有了模型材质。

那人们所说的质感又是什么呢？

实际上质感是指造型艺术形象在真实表现质地方面引起的审美感受，是人们对于客观材质的一系列主观感受。

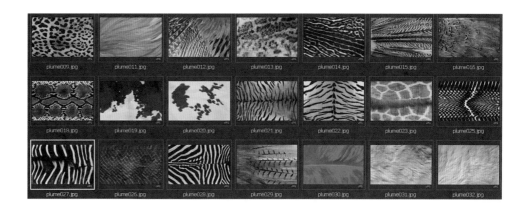

图5-43　纹理

例如，在绘画、版画、雕塑、摄影等艺术中，通过不同的线条、色彩、明暗及相应的笔触、刀法、用光等手法，可以真实地表现出对象所具有的特殊质地。例如：皮肤的柔嫩或粗糙、首饰的光泽、玻璃的透明、钢铁的硬重、丝绸的飘逸等，使人产生逼真之感。

在造型艺术中，人们把对不同物象用不同技巧所表现出来的真实感称为质感，把不同的物质其表面的自然特质称为天然质感，如空气、水、岩石、竹木等；而经过人工的处理的表现感觉则称为人工质感，例如，陶瓷、丝绸等就是典型的人工质感；其他的还有砖瓦、玻璃、布匹、塑胶等。

不同的质感给人以软硬、虚实、滑涩、韧脆、透明与浑浊等多种感觉。

3. 工艺

工艺的英文为craft，是指劳动者利用各类生产工具，对各种原材料、半成品等进行加工、处理，并最终使之成为成品的方法与过程。

工艺的实施，往往伴随着工艺设计。工艺设计的主要内容包括确定产品方案，并据此计划原料、能源、动力的用量与来源。工艺设计也包括了工艺流程的制定；其中主要设备的选型与配置，对产品或工艺实施对象的要求，外部各项协作条件，生产组织与劳动定员，主要技术经济指标等方面的确定是主要任务。

如图5-44所示的掐丝珐琅，就是一种对流程颇为讲究的传统工艺。

工艺的种类很多，从实际作用和实施的方法、效果等方面，可以简单区分如下。

第一类是成型工艺；主要是指形成产品主要形体、结构与功能的工艺种类，包括金属的铸造或锻造，塑料的注塑、吸塑成型，整体产品的装配等。

第二类是针对材料的改性工艺。这类工艺主要目的是改变材料的内在结构性能，如冷处理，热处理等。

第三类是后期表面处理与装饰类工艺。其目的主要是改进材料的表面视觉效果，如喷涂配色，电镀，打磨、氧化等。

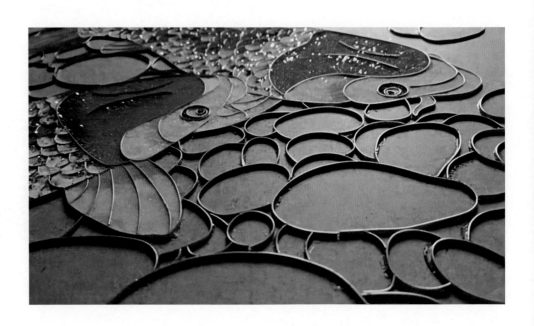

图5-44 珐琅工艺

4. CMF的岗位职责

不少企业在其设计研发部门，设立了与CMF相关的工作岗位。这一类岗位的从业人员有的是设计师的专业背景，也有的是材料工程类专业背景。那么他们的工作岗位职责包括哪些呢？

（1）负责收集新材料、新工艺及色彩流行趋势方面的资讯；持续研究使用者在新材料、新工艺和色彩的发展及流行趋势方面的需求与变化。

（2）以创新设计的视角，发掘细分用户的需求，提供创新的产品在色彩及纹理、图案等方面的设计定义与方向指引。

（3）主导或协助设计师完成产品设计方案的材料、工艺、色彩实施规划；完成新产品其他的配色方案设计，并将每套配色细化到手板样品制作及产品批量阶段。

（4）考察并执行CMF供应资源，负责配合设计或采购规划并执行对新材料及新工艺的应用等。

（5）精通塑料、金属件的各种表面处理工艺及其实施细节、可靠性测试的方法等；能处理常见的量产工艺问题或提供解决方案。

（6）熟悉项目流程，拥有丰富的项目后期工作经验，负责执行各类工艺实施的（包括但不限于喷涂、电镀、阳极氧化、PVD、喷砂，抛光、丝印等）样板签样确认，并跟进工艺。

5. CMF的意义和用途

由于从事CMF岗位的人员主要分为两类学科背景，故而又存在CMF设计师和CMF工程师这两种称呼。CMF设计师们往往认为：CMF就是ID（即工业设计）的一部分（图5-45），只是在大型企业内部分工进一步细化的结果。为了让产品最终的外在视觉和体验更佳，CMF渐渐成为产品工业设计中的重要一环，并以关注和研究产品的颜色、材料、工艺为主，从而演变成一个设计的细分领域。

而CMF工程师们的看法又有所不同。他们认为在研究CMF的过程中，会更多地涉及人们感官上的感受：视觉，触觉，听觉，味觉，嗅觉等。虽然在CMF实施过程中的工程技术手段主要还是体现在颜色、材料、工艺等这三个方面；但技术与视觉、触、味、嗅觉等人类的感知系统之间的交互，以及结合不同材质和工艺的应用研究才是核心内容。

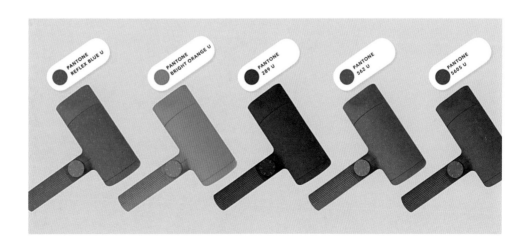

图5-45　CMF与ID设计

无疑，所有人都认为CMF岗位是连接产品外观设计与工厂生产实施的一个枢纽，必须非常熟悉工厂、工艺、材料，进行资源的整合，同时兼具创新性与严谨性。

无论如何，作为现代产品设计领域的从业人员，对材料和工艺的理解自然是越深入越好。关注材料及工艺技术的发展，注重创意活力与思维成熟的平衡，即处理好"不被技术束缚"与"可实现性良好"的矛盾，在任何时候都是极其重要的！在新产品的开发设计中，积极尝试、探索、引导并应用一些新材料和新工艺，对增强新产品的市场竞争力是具备很强的积极意义的。

同时，作为现代设计师，必须在职业道德和行业伦理方面有自己的价值观或行为准则。人类只有一个地球，任何不加节制、肆意浪费的行为都不应该在成熟的工商业领域被默许或纵容。建立可持续的设计与发展观念，关注环境、关注地球、关注未来是每一个拥有远大视野的设计师的基本素养！

随堂练习

（1）利用水粉工具，绘制1个24色色环、1个色彩明度阶梯（5阶以上）、纯度阶梯一个（5阶以上）。

（2）从生活中收集10种不同色彩、材质、肌理的材料，并利用其中不低于三种的材料构思并制作一幅立体的装饰艺术作品。

（3）立足于各位同学的自身兴趣，搜集整理该细分品类产品的图片和设计资料，分析其CMF特性。注意：你所选择某一种类型的产品，应当是一种细分品类，如选择汽车类，是不行的，原因是范围过大，需要进一步分类为：重型卡车、大中型运输车、越野车、家用小轿车、跑车等细分类别。

操作步骤为以下三步。

第一步：选择一种产品类型的细分品类。

第二步：就该类产品收集30款以上的不同设计或款式，以图片及其文字介绍为主要资料。

第三步：分别从基本功能、颜色、形态、结构、材料、成型方法、表面工艺等几个角度对上述产品进行逐一分析。

第六章

成型技术与批量生产

教学内容： 1. 传统手工艺及其创作与成型技艺

2. 机械加工与模具成型技术

3. 常见的数种表面处理工艺技术

4. 产品组装流水线、SMT产线、品质检测控制

教学目标： 1. 了解传统手工艺及其创作与成型技艺

2. 体验并了解主要机械加工与模具成型技术

3. 观摩并体验常见的数种表面处理工艺技术

4. 实地观摩并理解产品组装流水线、SMT产线、品质检测控制等环节

授课方式： 多媒体教学，理论与设计案例相互结合讲解，设置课堂思考题

建议学时： 6~12学时

第一节　常见工艺与表面处理

一、手工艺——技艺与传承

进入工业化以来，人们在批量化、规模化生产的道路上跑得越来越快、越来越远。然而，在满足了相对基础的产品功能需求之后，人们对于个性化的需求正日益凸显。

在追求个性化的今天，传统的手工制作技术与工艺并没有被淘汰。相反，传承了悠久的造物文明积淀的各种手工艺正以其独具特色的艺术魅力、装饰效果和实用性能等，再次在人们身边流行起来。在高度商业化的今天，手工艺满足的不仅是功利的生产制造，它们更多地被赋予了地域和文化特色，并让参与其中的人体会到随心所欲的创作乐趣——这同样拥有着巨大的市场前景。

1. 中国传统手工艺

我国历史悠久，文化灿烂。手工艺传承数千年之久，种类繁多，不胜枚举。至今依然常见的中国传统手工艺包括：木刻工艺、桦皮工艺、漆器工艺（图6-1）、兽皮工艺、砚石工艺（图6-2）、竹编工艺（图6-3）、漆器陶具、玉器工艺、大理石工艺、土家族黄杨木雕、剪纸、麦秆画、年画、铅笔屑画、唐卡（图6-4）等。

这些手工艺的存在往往以手工艺品出现在大家的视线当中，常见的有陶瓷、泥塑、布艺、木头、灯彩、首饰、文玩等。

图6-1　漆器

图6-2　砚石工艺

图6-3　竹编工艺

图6-4　唐卡

图6-5　陶瓷工艺

（1）陶瓷器具。陶瓷是"陶"与"瓷"的总称（图6-5）。在东西方文明的交流和发展中，陶瓷曾经扮演了非常重要的角色。在西方人的眼中，精美的陶瓷就是神秘的东方国度的象征。因此，英文中的"CHINA"不仅指"陶瓷"，也是中国的称谓——主要原因是它最能代表西方人对中华文明的第一印象。

陶瓷工艺在我国的传承源远流长。除了其实用属性之外，更不可忽略的是它的文化属性——它反映了人们的生活习俗、工艺技术水平、文化意识形态、社会与自然的和谐观念等，是一种立体的民族文化载体，或者说是一种静止的民族文化舞蹈。陶瓷在我国分布很广，并且其制作工艺流派众多。我国的陶瓷聚集地很多，包括江西景德镇、江苏宜兴、山东德州、河北宣化等。

陶瓷的形态千变万化，表面装饰更是异彩纷呈。但从整体上来看，离不开拉坯、施釉、绘瓷、烧制等相关工艺流程与技术手段。

图6-6 无锡惠山泥塑

图6-7 木雕

（2）泥塑。泥塑又称彩塑，在我国是一种古老的民间传统艺术，著名的秦始皇陵兵马俑就是迄今为止人类所发现的最大规模的泥塑工程。泥塑是通过手艺人的手工，将调制后具备黏性、柔软适度的泥料，经过构思、捏制而成，并经过干燥、彩绘的过程，创造出包括人物、动植物、建筑、自然景观等各式各类造型的民间艺术形式。如图6-6是江苏省无锡市的著名文化礼品——惠山泥人"阿福"和"阿喜"。

泥塑艺术起源于3000多年前，在汉代时成为重要的艺术品种，至唐代则通过众多宗教题材的艺术作品发展至顶峰。

泥塑如果经过施釉或烧制，就可以变成陶瓷；因此泥塑与陶瓷工艺之间有着高度的关联。

（3）木雕工艺。木雕工艺也称为"木刻"，是指在木头上进行刻画图形的艺术和方法。据考证，木雕起源于新石器时代，到唐代木雕像技艺的发展达到高峰。如今，历经几千年传承的木雕传统技艺大多数得到了很好的继承和发展（图6-7）。在我国的安徽省徽州地区，木雕、竹雕等是最具特色的民间工艺之一。

木雕工艺包括：创作木刻、复制木刻、木面木刻、水印木刻、粉印木刻、木口木刻、套色木刻、笔彩木刻、黑白木刻等。木刻工艺在中国历史悠久，属于非常传统的手工艺。

图6-8 玉雕

（4）玉雕工艺。玉石经加工雕琢，成为精美的工艺品玉雕。玉雕是中国最古老的工艺品种之一，历史上玉雕在民间得到了广泛传承。但在现代，玉雕的发展受到了时代发展的客观影响（包括技术冲击、人才断层等），因此这门技艺的传承亟须更多关注。玉雕工艺师往往要根据不同的玉料，经过精心设计，才能把玉石雕制成精美的工艺品。中国的玉雕作品（图6-8）享誉世界，且具有悠久的历史和鲜明的时代特征。

图6-9　景泰蓝

图6-10　刺绣

（5）景泰蓝。景泰蓝学名叫"铜胎掐丝珐琅"，是中国的著名特种工艺品之一。景泰蓝曾长期作为专业的皇家国礼，虽然其技艺流传久远，但因在明代景泰年间发展到最高峰，故后人以景泰蓝代称（图6-9）。

景泰蓝与雕漆、玉器、象牙被称为北京工艺品的"四大名旦"。如今，景泰蓝不仅作为国礼赠送外宾，也逐渐走入寻常百姓家。

（6）丝绸刺绣工艺。刺绣在古代主要是在丝绸上绣制图案，有至少3000多年的历史。丝绸、刺绣（图6-10）和陶瓷一样，都是闻名海外的中国特产。刺绣作为中国传统手工艺的代表，主要分为六大流派——苏绣、湘绣、粤绣、蜀绣、汴绣、陇绣。历史上，刺绣不仅对中国社会起了很大的作用，而且在国际文化生活中也产生了很大的作用与影响。通过古代的丝绸之路，刺绣是最早走出国门的中国手工艺产品之一。

2. 传统手工艺的传承与创新

如图6-11中所示，以现代社会所需的各种实用物品、文创产品为载体，通过创新设计将传统工艺更好地融入当代生活，并促使其成为当代生活方式的有机组成部分是很好的传承发展方式。

图6-11　文创产品设计

图6-12 传统工艺与文化

图6-13 机械加工

而从传统工艺文化元素出发，进行整合性创新设计的文创产品，源于传统文化元素，并通过传统工艺提升了产品的附加值（图6-12），这必将对传统工艺的普及、传承与发展起到促进作用。

汲取传统工艺文化元素的现代产品设计，将会以其独具魅力的文化元素，对国家文化软实力的建构和输出起到积极的作用。

二、机械加工工艺

随着人类社会的技术发展，生产效率的进一步提升，利用各种机械来达到产品及其零部件的规范化、规模化生产成为历史发展的必然要求。

机械加工是指利用机械加工的方法，按照图纸的图样和尺寸，使毛坯的形状、尺寸、相对位置和性质成为合格零件的全过程（图6-13）。

机械加工的工艺是指建立在流程基础上的，一系列的用以改变生产对象的形状、尺寸、位置和性能的技术手段及其组合。

1. 机械加工工艺流程与规程

工艺流程是制造加工的步骤，在机械加工过程中，改变毛坯的形状、尺寸和表面质量等，使其成为零件的过程（图6-14）。

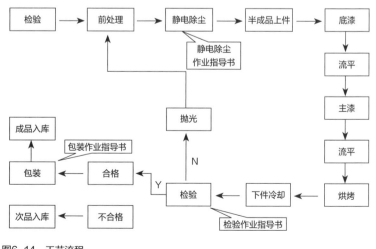

图6-14 工艺流程

机械加工工艺规程，是规定零件机械加工工艺过程和操作方法等的工艺文件之一。它是在具体的生产条件下，把较为合理的工艺过程和操作方法，按照规定的形式书写成工艺文件，经审批后用来指导生产。因此，工艺规程可以理解为对每个工艺流程步骤的详细规定及说明等。

机械加工的工艺规程一般包括：工件加工的工艺路线、各工序的具体内容及所用的设备和工艺装备、工件的检验项目及检验方法、切削用量、时间定额等；通常被指作为各种文档、表格、卡片等。

2. 几种常见的机械加工

（1）车削。车削的机床又称为"车床"，通常可分为立式车床、卧式车床以及其他车床（图6-15）。

车削主要有两种加工形式：一种是把车刀固定，加工旋转中未成形的工件；另一种是将工件轴向固定，并作高速旋转，同时叠加车刀的横向、纵向移动进行精度加工。

由于车削加工一般都伴随着工件的旋转，故特别适合加工形体为回转体的零件。例如，圆柱体、圆锥体、球面体等，产品包括各种轴、盘、套等。

（2）铣削。与车床类似，铣床也可以按照加工方向的不同，分为立式、卧式两种。

铣削是将毛坯固定，用高速旋转的铣刀在毛坯上走刀，切除不需要的形状和特征。传统铣削较多地用于铣轮廓、槽、平面或大曲面等外形相对简单的特征（图6-16）。

数控铣床可以进行更加复杂的外形和特征的加工，原因是其可进行三轴或多轴的复合加工。因此，数控铣床多用于加工模具、检具、治具等薄壁复杂曲面，还包括人工假体，叶片等。

（3）刨削。刨削的机械设备为"刨床"（图6-17）。实施过程中，刨床主要是用刨刀对工件做水平直线或往复运动的切削加工，主要用于加工零件的直线面外形。

通常，刨削加工的表面粗糙度比较低，光滑度比铣削要高。刨削加工的精度可以达到IT10~IT8，表面粗糙值为Ra12.5~1.6μm，最高精度下甚至能达到接近镜面的表面效果。

（4）磨削。磨削又称"打磨"。常见的有外圆磨、平面磨（图6-18）、内孔磨、工具磨等工具或机械设备。

打磨常归为表面工艺的一种，一般指借助较高硬度颗粒的砂纸、砂轮等工具，通过摩擦来改变材料表面物理性能。打磨的主要目的是获取特定的表面粗糙度或平整度。

图6-15 车削

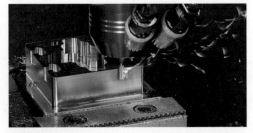

图6-16 铣削

图6-17 刨床

图6-18 磨削

为了获得高精度的工件表面，往往需要用高目数的砂纸打磨；有的甚至需要用到棉布打磨等情况。

（5）钻削。钻削又称"钻孔"，钻削加工是用钻头或扩孔钻等在钻床上加工零件孔的方法；其操作简便，适应性强，应用很广；适合各种大小不同的孔的加工。

孔是在钻削刀具与工件之间轴向进给的相对运动过程中形成的。

钻削加工所用的机床多为普通钻床，主要类型有台式钻床、立式钻床及摇臂钻床等。台式钻床主要用于加工小型模具零件的孔径；立式钻床主要用于加工中型模具零件的孔径；摇臂钻床则主要用于加工大、中型模具零件的孔径。

（6）镗削。镗削又称"镗孔"，是一种用刀具扩大孔或其他圆形轮廓的内径切削工艺。镗削的应用范围一般从半粗加工到精加工，其所用的刀具通常为单刃镗刀，又称为"镗杆"（图6-19）。

镗削的加工过程，往往是利用旋转的单刃镗刀把工件上的预制孔扩大到一定尺寸，并使之达到要求的精度和表面粗糙度。镗削一般在镗床、加工中心和组合机床上进行。

3. 数控加工

数控加工（图6-20），是指通过电脑程序控制的数控加工工具进行的加工。实际上数控铣床就属于典型的数控加工类别。利用数控加工之时，应充分发挥其通过电脑程序进行数控的优势和关键作用。

现代的CNC数控机床又称为"CNC加工中心"，往往是集前述的车、铣、刨、磨、钻、镗等一系列机加工工艺为一体的复杂机械设备。CNC加工的过程中，通过编程的变化、刀具的更换等，达到适应不同材料、不同形体、不同的加工目的。

CNC数控机床是由数控加工语言进行编程来加以控制的，通常为G代码。数控加工的G代码语言告诉数控机床的加工刀具采用何种位置（笛卡尔坐标），控制并实现刀具进给、主轴转速、工具变换、施加冷却剂等功能。

数控加工相对于手动加工当然具有很大的优势。尤其是数控加工生产出来的零件非常精确，且具有高度的可重复性；同时数控加工还具备了生产手动加工无法达到的高效率。

图6-19　镗削刀具

图6-20　数控加工

三、模具成型工艺——针对大批量

模具（图6-21），素有"工业之母"的称号。在工业生产上，用实施注塑、吹塑、挤出、压铸、锻压、冶炼、冲压等各种方法，得到所需特定形状产品的各种模子和工具，统称为"模具"。

简而言之，模具是用来制作成型物品的工具，它主要通过所成型材料物理状态的改变来实现物品外形的加工。这种工具由各种零件构成，不同的模具由不同的零件构成。

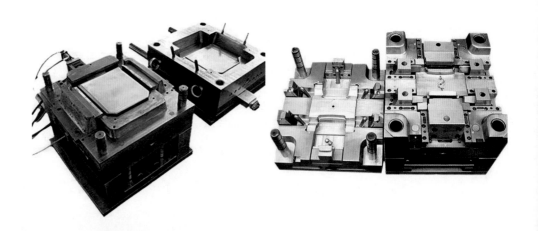

图6-21 模具的组成

图6-22 砂型模具

1. 模具的种类

按照成型材料的不同可分为：五金模具、塑胶模具，以及其他特殊模具。

常见的五金模具又可包括：冲压模、锻模（如模锻模、镦锻模等）、挤压模具、挤出模具、压铸模具等。其中，冲压模细分种类较多，例如：冲裁模、弯曲模、拉深模、翻孔模、缩孔模、起伏模、胀形模、整形模等。

非金属模具又分为：塑料模具、无机非金属模具、砂型模具（图6-22）、真空模具和石蜡模具等。

随着高分子材料的快速发展，尤其是塑料模具，与现代人的生活密切相关。常见的塑料模具包括：注塑模、挤出模、吹塑模、吸塑模、滚塑模、气辅成型模等。

2. 几种不同的模具技术

（1）注射成型。注射成型又称"注塑"，使用的机械设备是注塑机（图6-23）。先把塑料原料（通常为粒子状）加入注射机的加热料筒内，使塑料粒子受热熔融；同时在注射机螺杆或柱塞的推动下，经喷嘴和模具浇注系统进入模具型腔之内；最后由于物理及化学作用而硬化定型成为注塑制品。

注射成型是由注射、保压、冷却和脱模过程所构成循环周期，因而注射成型具有周期性的特点。

（2）挤出成型。挤出成型又称"挤塑"，是指将处于黏流状态的塑料，在高温和一定的压力下，通过具有特定断面形状的口模（图6-24），然后在较低的温度下，定型成为所需截面形状的连续型材的一种成型方法。

挤出成型的过程，包括准备物料、挤出成型、冷却定型、牵引、切断、后处理（调质或热处理）等。

挤塑成型过程中，需注意调整好挤出机料筒各加热段和机头口模的温度，调整螺杆转数、牵引速度等工艺参数，特别是要调整好熔体由机头口模中挤出的速率等，这对于挤出品的质量非常重要。

（3）吹塑成型。热塑性塑料经挤出或注射成型后，可以得到管状塑料型坯。管状塑料型坯在经过加热，并达到软化且富有弹性的状态（高弹态）后，被置于如图6-25的对开模中；闭模后立即在型坯内注入压缩空气，使塑料型坯被吹胀而紧贴在上述模具的内壁上；然后经过冷却、脱模，即可得到各种中空的塑料制品（图6-26）。

最普通的吹塑原料是高密度聚乙烯，大部分牛奶瓶是使用这种聚合物制成的。其他聚烯烃类材料也常通过吹塑来加工。根据用途，苯乙烯聚合物、聚氯乙烯、聚酯、聚氨酯、聚碳酸酯和其他热塑性塑料也可以用来吹塑。

（4）吸塑成型。吸塑成型，又称为真空成型（Vacuum Forming），是一种利用负气压进行塑料加工的成型工艺。吸塑的主要原理是将平展的塑料硬片材四周固定，再加

图6-23 注射成型机

图6-24 挤塑成型的口模

图6-25 矿泉水瓶吹塑模具

图6-26 吹塑而成的塑料制品

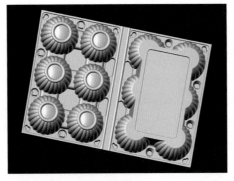

图6-27　食品吸塑包装的模具　　　　　图6-28　吸塑机

热变软后采用抽真空的方式，将塑料片材吸附于模具表面，经冷却后成型。该成型方法广泛用于塑料包装（图6-27）、灯饰、广告、装饰等行业。

吸塑成型的机械设备主要是吸塑机（图6-28）。真空成型的主要方法有凹模成型、凸模成型、凹凸模成型、气胀真空成型、辅助凸模真空成型和带有气体缓冲装置的真空成型等。

（5）滚塑成型。滚塑成型又称旋转成型、旋塑、回转成型等。该成型方法是先将经过计量的塑料原料（通常为粉末或液态）加入模具中；在模具闭合后加热的同时，使之沿着两条相互垂直的旋转轴进行旋转；模内的原料在重力、离心力和热能的综合作用下，逐渐均匀地熔融、涂布并黏附于模腔的整个内表面上；最后经过冷却、定型、脱模得到所需制品。

该方法主要用于制造中大型或超大型中空塑料制品（图6-29），如搬运箱、翻斗车皮、帆船船体、服装塑料模特、工业贮槽和贮罐等。滚塑加工的最大容器可达10万升，这是注射、吹塑等成型工艺难以实现的。

3. 模具的作用

在电子、汽车、电机、仪器、电器、仪表、家电和通信等产品中，60%～80%的零部件都要依靠模具成型。用模具生产零件所表现出来的高精度、高复杂度、高一致性、高生产率和低消耗是其他加工制造方法所不能比拟的。

因此，模具又被认为是制造业的效益放大器——用模具生产的最终产品的价值，往往是模具自身价值的几十倍、上百倍。

四、常见表面处理工艺与技术

表面处理是在基体材料的表面上，利用人工方法获得与原基体的表面在机械、物理和化学性能方面不同的表面效果的工艺方法。表面处理的目的，既包括满足产品在耐蚀性、耐磨性等方面的功能要求，也包括产品的装饰性、美观性或其他特殊要求。

下面介绍一些常见的表面处理方法。

图6-29　滚塑成型的巨大塑料桶

图6-30 抛光工具

1. 抛光

抛光是指利用物理、化学或电化学等方法，作用于工件表面并使得工件表面粗糙度降低，并获得光亮、平整表面的加工方法。

机械抛光是最常见的，其利用抛光工具（图6-30）和磨料颗粒或其他抛光介质对工件表面进行的修饰加工。化学抛光或电化学抛光，则是结合了化学反应和表面分解、腐蚀的原理，从而得到光泽的表面。

抛光不能提高工件的尺寸精度或几何形状精度，而是以得到光滑或镜面光泽为目的，有时也可以用作消除光泽（消光效果）。

2. 喷砂

喷砂是利用高速砂流的冲击作用，以清理和粗化基体表面的过程（图6-31）。

采用压缩空气为动力，以形成高速喷射束将喷料（铜矿砂、石英砂、金刚砂、铁砂、海南砂）喷射到需要处理的工件表面，使工件表面的外表或形状发生变化；由于磨料对工件表面的冲击和切削作用，使工件的表面获得一定的清洁度和不同的粗糙度（图6-32），使工件表面的机械性能得到改善，因此提高了工件的抗疲劳性，增加了它和涂层之间的附着力，延长了涂膜的耐久性，也有利于涂料的流平和装饰。

图6-31 喷砂

图6-32 不同粗糙度的喷砂表面效果

3. 拉丝

拉丝是通过研磨在产品工件表面形成线纹，从而起到装饰效果的一种表面处理手段。

根据拉丝后纹路的不同可分为：直纹拉丝、乱纹拉丝、波纹、旋纹。表面拉丝处理是通过研磨产品在工件表面形成线纹，起到装饰效果的一种表面处理手段（图6-33）。

由于表面拉丝处理能够体现金属材料的质感，所以得到了越来越多用户的喜爱和越来越广泛的应用。

4. 阳极氧化

将金属或合金的工件作为阳极，采用电解的方法使其表面形成氧薄膜。金属表面的氧化物薄膜改变了其表面状态和性能，形成鲜艳的颜色，提高了耐腐蚀性，增强了硬度及耐磨性，使金属的表面得到更好的保护等。如铝阳极氧化（图6-34），就是将铝合金置于相应电解液中作为阳极，在电流和特定条件作用下，进行电解。阳极的铝或其合金氧化，在表面上形成氧化铝薄层，其厚度为5～30微米。

图6-33 拉丝效果

图6-34　阳极氧化

　　阳极氧化后的铝或铝合金，其硬度、耐磨性、耐热性、绝缘性、抗腐蚀性能等均提高了；同时，由于氧化膜薄层中具有大量的微孔，还可以吸附着色，并形成各种艳丽美观的色彩。

5. 电泳

　　电泳又称"电泳涂装"，分为阳极电泳和阴极电泳。若涂料粒子带负电，工件为阳极，则涂料粒子在电场力作用下在工件上沉积成膜，称为阳极电泳；反之，若涂料粒子带正电，工件为阴极，涂料粒子在工件上沉积成膜，称为阴极电泳。电泳常用来处理金属接头等无法简单喷涂处理的零件（图6-35）。

6. PVD

　　PVD是英文Physical Vapor Deposition（物理气相沉积）的缩写。它是指在真空条件下，采用低电压、大电流的电弧放电技术，利用气体放电使靶材蒸发，并使被蒸发的物质与气体都发生电离，然后利用电场的加速作用，使被蒸发的物质及其反应产物沉积于工件上形成镀膜的工艺技术。

　　该技术广泛应用于航空航天、电子、光学、机械、建筑、轻工、冶金、材料等领域，可制备具有耐磨、耐腐蚀、装饰、导电、绝缘、光导、压电、磁性、润滑、超导等特性的膜层（图6-36）。

7. 电镀

　　电镀的英文是Electroplating，是一段利用电解原理在某些金属表面上镀上一层其他金属或合金薄膜的工艺技术过程。

图6-35　电泳涂装的零件

图6-36　PVD镀膜的工件

图6-37 电镀的产品

电镀的原理是一段或数段化学电解的过程。它使得金属或其他材料制件的表面上附着一层金属膜，从而起到防止氧化（如锈蚀），提高耐磨性、导电性、反光性、抗腐蚀性（硫酸铜等）或增进美观等作用。

日常生活中，不少硬币的外层为电镀；更为常见的电镀产品是如图6-37中的五金产品。

8. 蚀刻

通常所指的蚀刻也称光化学蚀刻，是指通过曝光制版、显影后，将要蚀刻区域的保护膜去除，使之在蚀刻时能接触化学溶液，并达到溶解腐蚀的作用，形成凹凸、镂空等效果的过程。

按工艺流程，蚀刻又可分为曝光法、网印法两类；这两类都是针对蚀刻图案的。蚀刻往往出现在金属、玻璃等易被液态化学药剂腐蚀溶解的材料种类上，能形成复杂、精美的图案（图6-38）。

图6-38 蚀刻

9. 喷涂

喷涂是通过喷枪（图6-39）或碟式雾化器等工具，借助于压力或离心力，将油漆分散成均匀而微细的雾滴，并施涂于被涂物表面的一种装饰工艺方法。

从涂装的环境角度看，喷涂可分为空气喷涂、无空气喷涂、静电喷涂等。其包括从上述各种基本的喷涂形式中派生出来的各种方式，如大流量低压力雾化喷涂、热喷涂、自动喷涂、多组喷涂等。

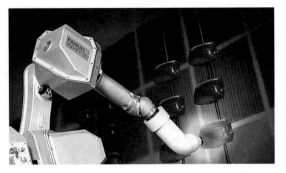

图6-39 喷涂

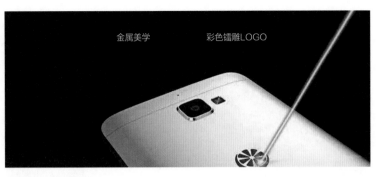

金属美学　　　彩色镭雕LOGO

图6-40 激光雕刻

　　喷涂作业生产效率高，适用于手工及工业自动化生产领域。其应用范围广，是现今应用最普遍的一种表面处理方式。

10. 镭雕

　　镭雕也叫激光雕刻或者激光打标，是一种用光学原理进行表面处理的工艺（图6-40）。

　　利用激光器发射的高强度激光束聚焦在焦点处，使材料表面氧化，并进一步对其进行加工。激光打标的效应是通过将表层的物质蒸发从而露出深层物质；或通过光能导致表层物质的化学物质变化出痕迹；或是通过光能烧掉部分物质，从而刻出痕迹；或是通过光能烧掉部分物质，透出所需的图形、文字等。

　　表面处理工艺的门类和工艺细节可以说是千变万化，以上列举的十种只是相对有代表性的一些。在产品的制造实践中，不同工艺既可以独立使用，也可以进行有序地组合应用。例如，在喷涂之后，再利用镭雕工艺，就可以形成透光的字符或图标效果等。

第二节　认知批量生产

一、产品组装与流水线

1. 组装

图6-41 组装流水线

　　组装（Assembly）也可称装配，是整个产品制造过程中的最后一个阶段。按照规定的技术要求，将若干个零件组合成组件、部件；并进一步将若干个组件、部件组合成整套产品的过程就是组装。由若干个组装工序或步骤组合在一起，形成组装流水线（图6-41）。

　　产品往往是由若干个零件或部件组成的。将若干个零件连接成部件称为部件装配；或将若干个零件和部件接合成产品则可称为总装配（图6-42）。

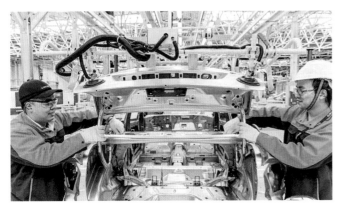

图6-42　整车总装配

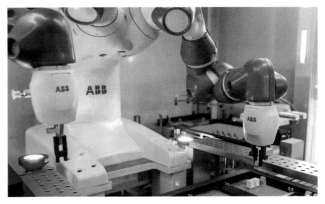

图6-43　柔性组装

产品组装的过程中，一般包括装配、调整、检验和试验、涂装、包装等工作。

随着技术的发展，组装按照工艺过程的技术要求又可以分为柔性组装和刚性组装。

柔性组装是指一种能适应快速研制和生产及低成本制造要求、模块化可重组的先进装配方式——简单地说，就是可以根据不同的产品采用不同的装配工艺或工序。它具有自动化、数字化、集成化的特点（图6-43）。柔性组装是相对于传统刚性组装那种基于手工化的、固定的、适应性差的组装方式而言的。

组装的目的是形成符合市场销售要求的产品。为达到这一目的，组装过程需要遵循以下原则。

（1）保证产品质量。组装并经过调试、检验使之成为合格的产品，确保产品的使用寿命。

（2）合理安排装配顺序和工序，尽量减少手工劳动量，满足装配周期的要求。

（3）尽量减少装配占地面积，提高单位面积的生产率。

（4）尽量降低装配成本，提高装配效率。

2. 组装流水线

工厂的组装流水线，又称装配流水线。按照流水线的输送方式大体可以分为：皮带流水装配线、板链线、倍速链、插件线、网带线、悬挂线及滚筒流水线这七类流水线。

根据生产作业可选用：普通连续运行、节拍运行、变速运行等控制方式。

流水线主体可因地制宜选用：直线、弯道、斜坡等形式。

其中，最常见的是一种十字形排列的皮带流水线。皮带流水线可以通过调节输送带的速度，来满足不同生产工艺的要求。输送皮带的材质有多种，可根据使用场合的不同进行灵活地选择。皮带流水线运用输送带的连续或间歇运动来输送轻重不同的物品。它既可输送各种散料，也可输送各种纸箱、包装袋等重量不大的件货，用途颇为广泛。

如图6-44中所示的是滚筒流水线。这种流水线可以满足长距离、重载荷的传输需求——由于它的这种特点，滚筒流水线被应用于大型机械工厂；机场到达厅的用于行李提取的转盘所用的也是这种流水线。

当前主流的组装流水线是利用人力与机械设备相结合的方式，实现相互的优势互补，从而达到提高装配效率、提升装配效果的目的。

图6-44 滚筒流水线

图6-45 汽车生产流水线

装配流水线，广泛适用于各类加工业，包括食品、饮料、水产、制药、包装、电子、电器、农副产品加工等多种行业，尤其是在汽车（图6-45）等结构与功能复杂的大型产品的制造装配中应用得更为彻底。

3. 流水线生产的特征与优势

流水线生产的特征，集中体现在其对产品品质的标准化、统一性等方面，主要包括以下方面。

（1）流水线生产作业的分工细致，专业化程度高。

（2）工艺过程是封闭的，工作地按工艺顺序排列，劳动对象在工序间作单向移动，井然有序。

（3）每道工序的加工时间同各道工序的工作的数量比例相一致。

（4）每道工序都按统一的节拍进行生产。所谓节拍是指相邻两件制品的出产时间间隔。

流水线的优势主要体现在以下几个方面。

（1）整合生产工艺，可在流水线上布置多种工位，满足生产需求。

（2）可扩展性高，可根据工厂需求，设计符合产品生产需求的流水线。

（3）节约工厂日常的生产成本，可一定程度上节约工人数量，实现一定程度的自动化生产甚至无人化生产（图6-46），前期投入之后的回报率更高。

图6-46 自动化、无人化生产

二、SMT——电子的批量

1. 什么是SMT

SMT是一种表面贴装技术（即Surface Mounted Technology的缩写），是电子组装行业里最流行的一种技术和工艺（图6-47）。

电子电路表面贴装技术，它是一种将无引脚或短引线表面组装元器件（简称SMC/SMD，中文

图6-47　SMT表面贴装

称：片状元器件）安装在印制在PCB电路板的表面或其他基板的表面上，通过再流焊或浸焊等方法加以焊接组装的电路装联技术。

2．PCB和PCBA

PCB（Printed Circuit Board），中文名称为印刷线路板。PCB本身既是一种重要的电子部件，又是支撑其他各种电子元器件使之实现电气相互连接的载体。由于它主要采用了电子印刷技术制作而成，故又被称为"印刷电路板"（图6-48）。

而PCBA是英文Printed Circuit Board Assembly的简称，意思是已经完成了表面贴装、集成了成套元器件的PCB组装件。也就是说，在PCB空板的基础上，经过SMT贴装、DIP插件等整个制程，形成的全套电子硬软件集成方案就是PCBA（图6-49）。

图6-48　PCB印刷电路板

图6-49　PCBA电子集成方案

3．SMT的主要设备与技术流程

SMT生产过程是一个高度自动化的过程。用于电子制造工业的相关SMT生产设备有不少，最主要的设备包括SMT贴片机（图6-50）、锡膏印刷机、回流焊炉等（图6-51）。

SMT周边设备也有很多，比如用于专门检测PCB电路板连通的AOI设备，承担设备之间传输的接驳台，以及自动检测元件的设备等。这些SMT周边设备可与贴片机、锡膏印刷机、回流焊炉等核心设备一起组建全自动SMT生产线，让生产更加高效、自动化。

图6-50　SMT贴片机

图6-51　回流焊炉

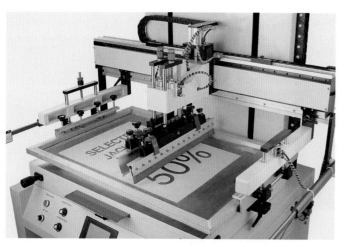

图6-52 丝印

SMT贴片的技术流程包括以下主要的步骤。

（1）物料采购加工及检验。物料采购员根据客户提供的BOM清单进行原始物料采购，确保生产无误。采购完成后，需对物料进行检验加工，如排针剪脚、电阻引脚成型等。

（2）丝印。丝印即丝网印刷（图6-52），是SMT加工制程的第一道工序。丝印是将锡膏或贴片胶漏印到PCB焊盘上，为元器件焊接做准备。借助锡膏印刷机，将锡膏渗透过不锈钢或镍制钢网附着到焊盘上。

（3）点胶。SMT加工中点胶所用胶水为红胶。将红胶滴于PCB位置上，能起到固定待焊元器件的作用，防止电子元器件在回流焊过程中因自重等原因掉落或虚焊。点胶又可以分为手动或自动两种。

（4）贴装。贴片机通过吸取、定位、放置等功能，在不损伤元件和印制电路板的情况下，实现了将SMC／SMD元件快速而准确地贴装到PCB板的相应焊盘位置上。

（5）固化。固化是将贴片胶熔化，使表面贴装元器件固定在PCB焊盘上，一般采用加热固化的方法。

（6）回流焊接。回流焊是通过重新熔化预先分配到PCB板焊盘上的膏状软钎焊料，实现表面组装器件焊端或引脚与PCB板焊盘之间的电气连接。它主要是靠热气流对焊点的作用，将胶状的焊剂在一定的高温气流下进行物理变化，达到SMD的焊接（图6-53）。

（7）清洗。完成焊接过程后，板面需要经过清洗，以去除松香助焊剂以及一些锡球，防止它们造成元件之间的短路。清洗是将焊接好的PCB板放置于清洗机中，清除PCB组装板表面对人体有害的焊剂残留或是再流焊和手工焊后的助焊剂残留物以及组装工艺过程中造成的污染物。

由于SMT的自动化程度高，因此其质量比较稳定。但由于SMT工艺过程步骤多，程序相对复杂，因此定期的质量检测与监控是必不可少的。为保证SMT每个批次成品的质量，需通过检测、返修等进行补充。

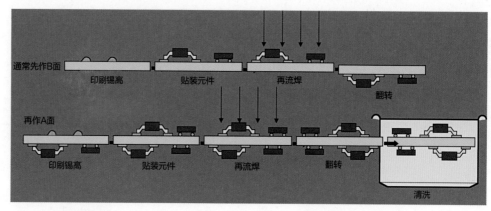

图6-53 回流焊接工序

（1）检测。对组装完成后的成套PCBA进行焊接质量检测和装配质量检测。需要用到AOI光学检测、飞针测试仪并进行ICT和FCT功能测试等。实施检测的人员组成QC团队，进行PCB板的质量抽检，其工作包括检测基板、焊剂残留、组装故障等。

（2）返修。SMT的返修通常是为了去除失去功能、引脚损坏或排列错误的元器件，重新更换新的元器件。要求维修人员需要对返修工艺及技术掌握较为熟悉。PCB板需要经过目检，查看是否元件漏贴、方向错误、虚焊、短路等。如果需要，有问题的PCB板需要送至专业的返修台进行维修。

三、批量产品的质量控制

我们该如何正确地评价大批量生产条件下的产品质量？

国际通行的ISO9000标准对质量有一个明确的定义——一个固有特性满足要求的程度。

而爱德华兹·戴明（图6-54）则认为，对质量的持续管控目的是"达到客户要求"，"质量是一种以最经济的手段制造出市场上最好用产品的方

图6-54　质量管控的"戴明环"

法"，质量需要建立在"计划－制造－检测－反馈"的循环之中。

另一位国外品质管理大师菲利普·克劳士比在他的著作《质量免费》中强调"零缺陷是一种追求"，"质量的定义就是符合具体要求，而不是好（或不好）"。因此，在质量管理中要避免使用"好、优秀、美丽、独特"等主观的、含糊的描述语，转而使用"零缺陷、合格、不合格"等精确描述的词汇。

1. 质量——企业的生命线

市场竞争，说到底主要是产品质量的竞争，质量好才是硬道理！随着全民质量意识的不断增强，消费者对产品质量的要求也越来越高。产品要长久地赢得市场，就要值得被消费者信赖。企业如果不能适应市场需求，不能生产出消费者满意的产品，就只能被市场淘汰出局。

产品的质量又分为两个方面：一方面是产品的技术质量，也就是由技术的稳定性、可靠性等指标构筑的质量；另一方面是产品的工艺质量，即由制造过程中工艺实施的严谨性、规范性导致的产品品质指标。

市场总是在不断变化，产品总是在更新换代，企业只有始终坚持"质量第一"的经营理念，才能经得住不断变化的市场考验，获得持久发展的生命力。

2. 设计奠定质量

统计数据表明：产品的设计开发过程虽然仅占总成本的10%～15%，但是却决定了总成本的70%～80%。有鉴于此，产品设计阶段对最终产品质量和成本控制至关重要！人们越来越清楚地认识到，虽然产品的质量检测过程也很重要，但真正的产品好质量是

设计出来的！

一个科学且严谨的产品设计过程及其管理，是直接决定产品品质的关键（图6-55）。

糟糕的产品设计往往要依靠后天的努力去克服，但这是很难根治的。高水平的设计也体现在对产品品质的强大掌控力——要走DFM（为制造而设计）、DFA（为组装而设计）的宽广大道，才能真正地在产品上落实好的品质。

统计分析发现，产品质量问题的源头30%来自制造，而70%来自产品设计缺陷。

因此如何系统地、有效地对产品设计过程中的质量问题进行管理，保证产品质量，已经成为企业面对的具体问题和研究热点。产品设计的质量决定了产品质量的上限，也是产品整个生命周期中质量控制的瓶颈（图6-56）。

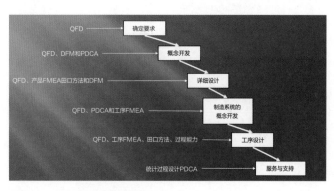

图6-55　设计过程的管理与控制

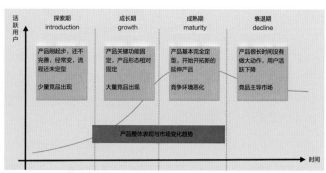

图6-56　生命周期各阶段对产品的要求

3. 制造成就质量

我国自古以来就是一个有着"工匠精神"传承的文明古国。在中华文明的历史长河中，能工巧匠辈出！

一句话，质量是做出来的！

在工业社会，如何正确理解这句话呢？大批量的工业产品数量大、结构功能复杂，合格的产品，只能通过不断强化员工的质量意识，并激励其认真负责地按照产品工艺标准去执行生产与制造环节。

当然，这里还少不了自检、互检等检验的动作。但是如果把检验的过程看作是生产制造中的一个环节，那么品质还是做出来的！

这里强调的，是生产过程中的质量结果意识和过程控制意识。

4. 检测保障质量

产品质量是通过严格地检验塑造出来的！然而这里的检测要求质量管控人员严守质量标准，对于不符合质量标准的产品绝不能让其轻易过关。

因为制造过程有很多是人参与的，并不全部是机器；人们在操作过程中难免出现失误，因此需要通过专门的检验机构、专业的设备工具、严谨的程序等对产品质量进行检验、把关。

用检测是对制造进行补充和控制，倒逼产品设计、制造过程的质量提升才是真正目的。

产品质量是产品实现全过程的结果，而不是局部或阶段的结果。

然而产品从构思、到设计，再到实现的过程中，每一个环节都可能直接或间接地影响到产品的质量。

这些环节散布于质量形成的全过程，包括：市场研究、产品策划、产品设计、规格参数和生产工艺、采购等；因此产品品质的形成是一个环环相扣的严谨过程。

所以说，产品质量的好坏取决于每个职能环节的质量落实和各个环节之间的有效协调（图6-57）。

图6-57　采购物料品质控制的各环节衔接

随堂练习

（1）关注、收集、整理一种你感兴趣的传统手工艺，对其材料、技法、工序、传承方式等进行较为详细的记录，并进一步分析其在当代社会的价值。

（2）产品拆解与组装体验，以小组为单位，每组5到6人为宜，尝试按照以下步骤进行。

步骤一：选择一种已报废（或濒临报废）的家用电器；如果该产品应该结构完整，且复杂程度居中。

步骤二：针对该产品进行拆解。拆解应力求彻底，且做好全程摄影记录。

步骤三：对该产品的组装进行多次尝试，并力求用最短的时间完成全部组装工作。

步骤四：从多次组装中，总结提炼出一套产品组装的最优工序。

步骤五：小组分工，每人负责特定工序，模拟流水线组装过程。

步骤六：并对比单人组装与流水线组装的效率差异。

（3）实地考察1~2家本地的中大型制造企业，感受工业产品批量生产的实际场景；了解现代产品的品质控制方法、体系；并讨论上述因素对设计师职业的要求有哪些？

参考书目

[1] 倪培铭，韩凤元. 产品造型设计基础 [M]. 北京：中国建筑工业出版社，2014.

[2] 张黎. 产品设计初步 [M]. 北京：清华大学出版社，2017.

[3] 李锋，潘荣，陆广谱. 基础设计[M]. 北京：中国建筑工业出版社，2010.

[4] 薛澄岐，裴文开，钱志峰，陈为. 工业设计基础[M]. 南京：东南大学出版社，2004.

[5] 李煜，金海，闵光培，陈布瑾. 产品工学设计[M]. 北京：中国轻工业出版社，2014.

[6] 李津. 产品设计材料与工艺[M]. 北京：清华大学出版社，2018.

[7] 张君丽. 产品设计基础[M]. 北京：北京大学出版社，2016.

[8] [英]理查德·莫里斯（Richard Morris）. 产品设计基础教程[M]. 陈苏宁，译. 北京：中国青年出版社，2009.

[9] 夏进军. 产品形态设计：设计·形态·心理[M]. 北京：北京理工大学出版社，2012.

本书配有课件文件，可通过493056590@qq.com获取。